其实就是不冷静

冷静做人、理性做事

王卉 /著

群言出版社
QUNYAN PRESS
·北京·

图书在版编目（CIP）数据

其实就是不冷静：冷静做人、理性做事 / 王卉著
. — 北京：群言出版社，2015.12
ISBN 978-7-80256-944-7

Ⅰ．①其…　Ⅱ．①王…　Ⅲ．①人生哲学－通俗读物
Ⅳ．①B821-49

中国版本图书馆CIP数据核字(2015)第285285号

责任编辑：侯　莹　李　群
封面设计：天之赋设计室

出版发行：群言出版社
社　　址：北京市东城区东厂胡同北巷1号（100006）
网　　址：www.qypublish.com
自营网店：http://qycbs.shop.kongfz.com（孔夫子旧书网）
　　　　　http://www.qypublish.com（群言出版社官网）
电子信箱：qunyancbs@126.com
联系电话：010-65267783　65263836
经　　销：全国新华书店
法律顾问：北京市天驰君泰律师事务所

印　　刷：三河市祥达印刷包装有限公司
版　　次：2016年1月第1版　2016年1月第1次印刷
开　　本：710mm × 1000mm　1/16
印　　张：13.5
字　　数：190千字
书　　号：ISBN 978-7-80256-944-7
定　　价：32.80 元

我们每个人都不能孤立于世，时时刻刻都要与周围的人进行交往，并且借助这些人际关系，来实现自己的人生目标，而做人和做事就是我们的突破口。

在当今社会，人与人之间的利益竞争和冲突是永恒的。我们时刻处在各种错综复杂的矛盾中，很多时候都是在不知不觉间得罪了周围的一些人，而有了矛盾后，这些问题的解决绝不是靠简单、粗暴和轻率的行为，而是靠我们自己的头脑。"有事理智做，有话好好说"才能解决问题、化解危机，而盲目、冲动的行为无助于问题的解决。当你处在利益主体林立的"丛林"中时，你应该保持头脑的清醒，因为这个社会需要你冷静做人、理性做事。

投资大师巴菲特说："我并不试图超过7英尺高的栏杆，我到处找的是我能跨过的1英尺高的栏杆。"英国首相温斯顿·丘吉尔说过："一个人绝对不可在遇到困境时，就惊慌失措，没有了理智的头脑。若是这样的话，只会使危险加倍。但是如果立刻面对它而毫不退缩，就能找到突破口。"这些都是教导我们该如何做事的名言哲理。一个人办事的水平直接决定着一个人能否赢得人生的胜局。我们知道，做事就是要解决生活、工作上的棘手事，解决得好，意味着你有智谋、有技巧；反之，就说明你做事还欠火候。理性做事，就是让你在职场上、交际中能够成为办事的高手，比别人办得快、办得好、办得妙。

　　说到该如何做人，回想一下，你是否能够巧妙地经营你周围的人际关系，并且能把它处理得完美无缺呢？不管你最终想成为一个什么样的人，你必须考虑你究竟该如何做人，这是你人生的第一要义。你要知道，很多人就是因为不会做人，也就根本做不成事。因此，善于做人是我们每个人都首先应该掌握的本领。

　　纵观历史上和现如今有所成就的人，大部分都是我们做人、做事的典范，我们要学习他们如何在纷繁复杂的世事中保持着理智、冷静的头脑。

　　可见，做到为人讲究艺术，处事注重方法，在我们经营事业和人生时，就能够达到无往不胜、左右逢源的境界。

　　我们常听到很多人抱怨"做事难，做人更难"，在实际生活中我们也能有"先做人、后做事"的感悟。可见，做人和做事绝对不是一个小问题，而是人一生的必修课。很多人一辈子都没弄明白为何自己老是得罪人，老是与成功失之交臂，其实最主要的原因是他们没有掌握正确的做人、做事的方法。冷静做人、理性做事，这是一门艺术，也是一门学问。

　　本书把做人和做事看作一个系统，前呼后应，首尾相连。在做事中渗透着做人的道理，在做人中体现做事的学问。这不仅是一道丰盛的"心灵鸡汤"，还是一本教人如何处世的"智慧结晶"。希望大家能够静心阅读，找到属于自己的成功之路——冷静做人、理性做事。

目录

calmness

第一章
别让情绪牵着
你的鼻子走

当碰到对自己不利的境况时，千万别逞一时之勇，吃点眼前亏，理性地思考一下，冷静地判断目前的形式，也许能发现事情的另一面，找到扭转局势的机会。

遇事冷静，不耍小性子

　　生活中，人少不了感性的一面，当感性上升到一定高度就成了冲动和盲目。从古至今，冲动和盲目不知道害了多少人，坏了多少大事，可是因冲动和盲目导致的悲剧仍然在一次次地上演。

　　冲动和盲目表现之一是容易生气，遇事不假思索就气愤至极、怒发冲冠，做出一些傻事；表现之二就是过分盲目自信，刚愎自用，总以为自己能力超强，不分析客观情况，想着"没有条件，创造条件也要上"，最后输得一无所有，却还执迷不悟；表现之三就是固执傲慢，听不进中肯的意见，缺乏客观分析和判断，落入别人的圈套还浑然不觉。

　　巴菲特曾说过："我的成功并非源于高智商，我认为最重要的是理性。"在现实生活中，人们如果做事不理智、不冷静，后果就有可能极其严重：因为抵挡不住诱惑，轻则丢财，重则丧命；因为老板的一句无心之语，意气用事，盲目地提出辞职；为了一点小事、一丝隔阂而冲动、发怒，最后夫妻分道扬镳……

　　有的时候我们无法左右客观世界的变化，但是我们必须要做自己的"主人"，冷静做人，理性做事。现实非理性的因素很多，我们常常会因为某些非理性的因素而控制不住自己的情绪，造成一些不该有的后果，这样的例子层出不穷。

三国时期，蜀国兵败固然有刘备死后国力下降的原因，但不可忽视的一点恐怕是刘备意气用事，为关羽之死攻打吴国。此等冲动和盲目，不仅害死了自己，也让蜀国走到了尽头。关羽是蜀国的大将，他"过五关、斩六将"、"千里走单骑"、"单刀赴会"，被刘备封为"五虎上将"之首。但他不满于马超也在"五虎上将"之列，居功自傲，大意用兵，以致痛失荆州，败走麦城，最后被杀。刘备听说关羽被杀，怒发冲冠，急红了眼，调动大军就去攻打吴国。诸葛亮苦劝无用，而当时由于蜀国几个大将战死的战死，守城的守城，根本没有统率大军的将军，最后刘备亲自挂帅东征，却被打得七零八落，战败后一病不起，最后一命呜呼。

冲动使刘备失去理智的思考，盲目的报仇心让他犯了兵家大忌，最后赔上自己老命不说，还使蜀国走上了衰败之路。

在许多场合，因为不可抑制的愤怒，人们会失去解决问题和冲突的良好机会。而愤怒造成的损失往往是难以弥补的。

在一个树林里，狮子和9只野狗合作猎食。它们捕猎一整天，一共逮了10只羚羊。狮子说："我们得去找个英明的人来给我们分配这顿美餐。"

"一对一最公平。"一只野狗说出了它的看法。

狮子很生气，立即把它打昏在地。其他野狗都吓坏了，其中一只野狗鼓足勇气对狮子说："不！不！我的兄弟说错了，如果我们给您9只羚羊，那您和羚羊加起来就是10只，而我们加上一只羚羊也是10只，这样我们就都是10只了。"

狮子满意了，说道："你是怎么想出这个分配妙法的？"

野狗答道："当您冲向我的兄弟，把它打昏时，我就立刻增长了一点儿智慧。"

野狗之所以能分到一只羚羊，就是肯吃眼前亏、不盲目说话、理性地考虑形势才得到食物。换个角度想想，如果它大着胆子要求多分，换来的可能就是狮子的利爪，最后这9只猎狗也会成为狮子的美餐。

不吃小亏，可能就要吃更大的亏，冲动盲目，可能就会像刘备和故事里的野狗一样丢掉性命。所以，当碰到对自己不利的境况时，千万别逞一时之勇，吃点眼前亏，理性地思考一下，冷静地判断目前的形式，也许能发现事情的另一面，找到扭转局势的机会。但凡有所成就的人，没有哪个是靠冲动和盲目取得成功的，若冲动行事，即使暂时的形势不错，日后也必会栽跟头。

"股神"巴菲特在股东大会上谈到投资的时候曾经说过："我们也会有恐惧和贪婪，只不过在别人贪婪的时候我们恐惧，在别人恐惧的时候我们贪婪。"这句话乍一看好像和理智、冷静沾不上边，但是如果放到投资市场上的时候，就能显示出"股神"的伟大：当别人贪婪时，我在"理智"地"恐惧"着；当别人陷入盲目的"恐惧"，想要冲动地逃跑的时候，我仍然在"冷静"地"贪婪"。这才是他成功的精髓所在。

我们不得不佩服巴菲特做人做事的伟大智慧，从他带有睿智的话语中可以看出：无论做人还是做事，不能盲目，更不能冲动，否则你只会失败，败得一无所有。

怒气好比一场火灾，害人害己

性格和情绪上的轻浮狂躁，是一个人为人处世不可小觑的缺陷。一位大哲学家曾经说过："常有怒气就像一把刀子，不是伤了自己就是伤了别人，但是对事情的结果却毫无用处。"怒气来源于一个人对外部世界的感观和认识，当然，不排除一些人的性格使然。

面对同样一件事，有的人很坦然，"闲看花开花落"；而另外一些人则是怒气冲冲，非要争个你死我活。重怒之下，必有莽夫，怒气就好比一场火灾，刚开始时，脸上会有不愉快的表情，最多是比较严肃，翻翻白眼，开始嘀咕；然后情绪激动达到暴怒，便会开始破口大骂，伴随着浑身发颤、双手抖动；再进一步就是狂怒，这个时候急红了眼，法律、道德等统统被抛在脑后，这时候人就会失去理智。

可是转念一想，生气的后果呢？要么会危害自己的身体，要么让别人有机可乘。最重要的是你的怒气会伤害你亲近的人。没人愿意和一个脾气暴躁的人合作或者共事，因为他们只会经历更多的挫折，遭受他人的轻蔑，而不会成功。

在言行上趾高气扬、在情绪上暴躁不安历来就是做人的大忌。在他人生气的时候如果没有用理智和冷静去压制怒火，反而怒气越烧越大，最后没法控制，走到极端，就会把自己都赔进去。就像伊索说的："一怒之下踢石头，只会痛着脚趾头。"

现实生活中总有一些人不会低调做人，心浮气躁，动辄大发脾气，好像每个人都和他过不去，这样只能让自己陷入"进退维谷"的地步，而不会对事情有一丁点儿的帮助。怒气常生，不仅对身体有害，还会使得自己走到孤立无援的地步，古语说的"气忌盛"就是这个道理。

三国时期的张飞是蜀国的一员猛将。他艺高人胆大，不管对手是谁，打起仗来都毫无怯色，所向披靡，令敌人闻风丧胆。但是这也让张飞渐渐有了骄傲的情绪，随之而来就是心浮气躁，怒气常生。他遇事后很少进行思考，只会逞莽夫之勇，而这最后竟让张飞白白丢了性命。

关羽败走麦城后被孙权杀死，三弟张飞自然是怒气横生。为了立马给关二哥报仇，他令蜀军"挂孝伐吴"，每个人都披麻戴孝，然后举着白旗去找孙权要人。他当时的心情自然可以理解，可却没有考虑当时的客观情况。在这个节骨眼上，部将范强和张达因为没有按时地筹集到白旗白甲，张飞大怒，立马命人把这两个人绑在了树上，"各鞭背五十"。打完之后还告诉他们如果第二天再准备不好，就等着脑袋搬家。

张飞仅仅就因为二人没有置备好去讨伐孙权的"累赘之物"便大怒，打一顿还不解气，还要杀头示众，分明是把这二人当成了出气筒。范强和张达二人受此大辱，心存怨恨，晚上趁张飞熟睡之际，杀掉了张飞。就这样，张飞不仅没有替哥哥报仇，还因为自己脾气暴躁而丢掉了性命。

我们做任何事情都要经过一个过程，一口肯定吃不了一个胖子，焦虑浮躁、心存怒气会适得其反，不仅对事情的解决没有任何帮助，而且还会坏了整个计划。一位得道高僧曾在告诫弟子如何做人时说："当你极其纷乱，想大发脾气的时候，你可以想象你在一片广阔的草原上，它的博大会让你的心胸也随着扩大，烦躁自然会无影无踪。" 盛怒之下挥出的刀子，在砍伤别人的同时也会伤到你自己。所以，不要幻想心浮气躁、怒气不断会带给你来成功，它带来的仅仅是你血压的升高。做到平心静气绝对是一种高深的境界，常人虽然无可避免地会不时有些浮躁，但只要经常告诫自己要理智、冷静，就可以到达成功的彼岸。

清朝政治家李绂在《无怒轩记》中说："吾年逾四十，无涵养性情之学，无变化气质无功。因怒得过，旋悔旋犯，惧终于忿戾而已，因以'无怒'名轩。"这句话是什么意思呢？李绂说自己虽然过了四十岁，却没有学会涵养性情，因为总乱发脾气而犯过很多错，每次悔改之后还是照样还会继续乱发脾气，后来他索性就把家中的一个轩取名为"无怒"，流露出戒谨恐惧的心情。由此可以看出，狂躁和怒气显然是愚蠢人最喜欢做的事情，到头来，苦果还得自己吞下。所以说，唯有理智最为可贵，这是一种境界，更是成功所需的品质。

偏激是副有色眼镜，别让它蒙蔽你的双眼

人的一生，像一局棋，常常是一步走错，满盘皆错。不愉快的少年，常会是后来不愉快的青年。不愉快的青年，往往是终生偏激忧郁的成人。

——尤今

偏激可谓是成功的大敌，这些人往往是"一叶障目，不见泰山"，却总觉得怀才不遇、高人一等。偏激者大都戴着墨镜在行走，他们看到的世界都是暗色的：旁人好心好意提醒要多加注意，一句"吃饱了撑的"就顶了回去；同事做出了一点成绩，便开始风言风语，诋毁贬低，觉得自己才高明；遇到不如自己的人，就开始"冷嘲热讽"。莫非压低别人真的能抬高自己？

看事以偏概全，做人固执己见，办事意气用事，这样的人在社会上肯定不能做出一番事业。即使是一时成功了，也很快就会陷入绝境，到那时，又有谁会去搭救你呢？

一个自以为是的人是不会看到别人的长处的，他们只会看到别人的缺点。有句话是这样说的："当你没资格说话的时候，就先埋头做事吧。"这句话套用到偏激者的身上就是，"当你理性不够的时候，还是扔掉有色眼镜吧"。

我们生活、工作的周围肯定会有偏激的人存在。他们大都成天抱怨、满腹牢骚，好像这个世界每个人都亏欠了他似的，但是却从来不考虑为什么会这样。本来自己的修养就不够，还动辄抬杠狡辩，没理都能搅出三分理来。这样

就走进了一个怪圈：不理智，然后偏激，进而更不理智，最后更加偏激。这无疑是迈向成功最大的门槛。

在西方国家流传着这样一个故事：一个养鸡场的主人很讨厌传教士，因为他总觉得这些人来自己的国家传教是文化侵略，这些人前一套，背后又是一套，虽然满口仁义道德，但是私底下没少做肮脏的交易。这让他咬牙切齿。所以，平时他有事没事就向别人说传道士的坏话。

有一天，一个传教士来鸡场买鸡。鸡场主人虽然很讨厌他们，但是有生意上门他自然也不会放过。于是他就带着传教士到鸡场里挑鸡。传教士左挑右选，最后终于看中了一只毛掉的差不多，头也秃掉的老公鸡。

这个时候，鸡场主人很奇怪，然后就问："为什么要买这只又丑又老的公鸡呢？"

传教士就说："我回去把它养起来啊，然后路人看见了肯定会问我这是从哪儿买的，我就告诉他们是从你这里买的吧。"主人一听着急了："不行啊，你看看我这里养的公鸡都是漂漂亮亮的，只有这一只不好，你们要是把它当成我养鸡的代表，那也太不公平了吧！"

这时候传教士笑嘻嘻地回答道："你看，同样的道理啊！只因为少数几个传教士行为不检点，你就说所有传教士都不好，那么，照您的话说，这对我们公平吗？"

很多人总有这一个坏习惯，就是喜欢以偏概全。比如，因为个别医生拿红包，就开始痛斥医生如何如何大笔收取"手术费"。可是仔细想想，你能因为这些害群之马的存在，就说所有医生都不好吗？

其实这是一种病态，一种主观武断、我行我素的臆想。一个人有思想、有头脑、不随波逐流是值得称道的品质，但是这必须要建立在不偏激、不固执的基础上，这样才有可能走出不平衡的误区。

改革开放导师邓小平曾经说过："首先要对讨论和批评的问题研究清楚，

绝不能以偏概全，草木皆兵，不能以势压人，强词夺理。"这不仅是治国的良策，也是为人处世最基本的准则。人一激动就会迷失方向，继而以偏概全，开始东扯西拉。我们要让自己冷静下来，时刻记住，不能一竿子打翻一船人，要学会在纷繁的世界中保持一颗理智的心，让刚烈的偏激者变成理智的思考者。用平和的心态对事，用谦卑的姿态对人，才能让你远离偏激，接近成功。

积极面对你所遇到的烦恼

生活在世界上，谁都避免不了烦恼。当你遇到了烦恼，是被它所纠缠还是果断抛开呢？

烦躁不安的人，通常会有以下表现：（1）外露。他们无论在何时何地都会把自己的烦恼写在脸上，挂在嘴边。（2）慌乱。他们遇事则方寸大乱、惊慌失措，根本冷静不下来。（3）火气大。他们脾气大，看谁都不顺眼，经常说发火转眼就发。可是，如果天天想着烦恼，工作一事无成，做人也差得要命，那么，这样的人生还有什么意义呢？

生活窘迫、没有盼头；工作总被压制，很不顺心；学习没起色，面临考试；身体状况也可能有所不适……这些都会给我们带来烦恼，我们无法逃避，又无法消除它们。既然我们无法避免的它们的侵袭，那么为什么不积极地面对呢？

一个人如果被烦躁的心态所困扰，那么它就会剥夺一切使你生活有意义的东西。我们要做的就是去理智地面对它们。面对同样一件事情，心态不同结果也会相差其远。如果你抱有理智、积极的心态，那么所谓的烦恼无异于是助你成功的契机；如果你用烦躁、愤怒的心态来对待它，那么结果会比预想的更差。

面对生活中各式各样的烦恼，你是拿放大镜将其无限放大，还是用积极、冷静的心态将其消灭呢？生活无聊、工作无趣、身体不适就烦躁不安，这些不应该成为我们生活的主旋律。我们应该学会去除烦恼的技巧，积极面对，这样的生活才能精彩。

　　有这样一个人，虽然年纪轻轻，却总是满腹忧愁，即使是遇到芝麻大点的小事也会让他一整天闷闷不乐。有一天早上，起床很晚了，他反复考虑到底要不要去上班：如果去了吧，一定会被老板批评，还得扣钱；可是不去吧，第二天老板还是会批评，那些烦人的同事肯定也会喋喋不休地追问。他觉得怎么做都很为难，越想越烦恼。

　　他一直在这两种选择间做着激烈的思想斗争，就这样想着想着，一个小时就过去了，却怎么都想不出一个完美的办法。最后，他还是选择了去上班，不然，老板来电话了，可就解释不清楚了。

　　刚出家门，他看到了邻居正在修剪草坪，这个邻居是当地一个很有名望的老者。当他路过老者的时候，老者问他："年轻人，怎么这么晚才去上班，看你愁眉苦脸的样子，遇到什么事了？"

　　他无精打采地对老者说："别提了，我很想知道，为什么我每天有这么多烦人的事情，难道世界上就没有一处没有烦恼的地方吗？"

　　老者想了想，笑着对他说："有。据我所知，这个镇子上有一处地方肯定没有烦恼，在那里居住的人都很清净，没尘世间烦事的打扰。"

　　"你说是寺庙吧！那离这里也太远了，不现实。"

　　"不是的，孩子。镇子的西边有公墓，那里的人们没有俗事的打扰。你要再烦恼了，就去那看看吧！"说完，老者又开始修剪草坪了。

　　这个年轻人愣了一会，立刻向公司跑去。

　　天堂和地狱的区别就是你自己的心态在作祟。如果凡事想不开，像故事里的年轻人一样，每天必须去工作就是你的地狱；如果积极地面对烦恼，生活中处处都是你的天堂。

　　美国著名黑人投资专家克里斯·加德纳在年轻的时候，穷困潦倒。当时，

20来岁的加德纳才高中毕业，就做了医疗物资推销员，还要照顾女友和年幼的儿子。女友经常挖苦他，说现在所有的烦恼都是加德纳带来的。

后来加德纳辞职转行，成功获得证券公司聘请，但还未上班，招聘他的人就被解雇；在一次应征新工作前，他和女友吵架，惊动警员上门调停；加德纳被警方追讨1200美元的违例停车罚款，因为无力还钱，他被判入狱10天。但噩梦还未结束，出狱后他发现女友和儿子都离开了他，他变得一无所有。虽然后来儿子回来了，但作为一个单身父亲，加德纳一度面临连自己的温饱也无法解决的困境。在最困难的时期，加德纳只能将自己仅有的财产背在背上，与儿子一起前往无家可归者的收容所。实在无处容身时，父子俩只能到公园、地铁卫生间这样的地方过夜。

虽然生活和工作的烦恼压得加德纳喘不过气来，但是他一直积极面对这些困境。加德纳努力赚钱，在当上股票经纪人后，事业开始一帆风顺。1987年，他在芝加哥开设经纪公司做了老板，成为百万富翁。

加德纳在自己的自传《当幸福来敲门》中写道："在我二十几岁的时候，我经历了人们难以想象到的各种艰难、黑暗、恐惧的时刻，不过我从来没有放弃过。"他知道，那些烦恼只会压倒那些不积极面对生活的人。

面对烦恼，你是怨天尤人，心烦意乱，还是像加德纳一样主动抛开，积极应对呢？积极的心态，能激发你内心的渴求，唤醒你身体的潜能；而如果时时刻刻把烦恼存在脑海里，只会让你心焦气躁，活得无比辛苦。

拿破仑·希尔说过："你的生命是以某种节奏前进，你若感到失意消沉，无力面对生命，你也许会沉至山洼的底部；但是你若保持自信，便可能利用当时正扯你下坠的那股力量，跃出洼谷之外。"

人活着就一定要面对烦恼，要么你见不到阳光，烦恼一箩筐；要么你抛开烦恼，让幸福来敲门。积极面对烦恼的人，能将无尽的烦恼化成前进的动力，能把生活的苦难当成磨砺自己的良机。

嫉妒是心灵的"肿瘤"，及时切掉不能有

在我们的日常生活中，嫉妒是一种负面情绪，诋毁别人的成绩，又痛恨自己的无能，身处嫉妒之火的双重煎熬。

荷兰哲学家斯宾诺莎说："在嫉妒心重的人看来，没有比他人的不幸更能令他快乐，亦没有他人的幸福，更能令他不安。"嫉妒别人的人是用别人的长处来折磨自己。看到工作比自己轻松，钱却比自己赚得多，心里酸酸地不是滋味；嫉妒别人出书立传，自己却毫无建树；以前不如你的同学，考入了国外的重点大学，你就用一句"傻人有傻福"否认人家；一个不得志的同事下海，有了自己的事业，你就说"没准做啥亏心事才赚来钱"……这些都是嫉妒的表现。

嫉妒别人不仅让自己一事无成，还会给自己带来祸害。嫉妒伤身，嫉妒被人瞧不起，嫉妒让你没有了斗志和目标，嫉妒还会使得你人见人恶。

艾青说，嫉妒是"心灵的肿瘤"。人不能靠嫉妒生活。嫉妒的人往往以消极悲观的人生观为出发点，他们一旦发现别人比自己做得更好、拥有更多，心里就不舒服，继而愤愤不平。心有嫉妒的人都怀有偏见，不能容忍别人超过自己，总觉得某某人根本不如我，凭什么他成功而我不行呢？一旦怀有这种偏见，你就会去中伤别人、损伤别人，但是结果往往是害人害己。

切忌去拿人之长，比己之短，否则你只会一辈子落入无谓比较的泥淖中，

怎么都爬不出来。为什么不俯下身去学习别人的成功之处呢？对于别人的成功和好运，我们应该发出赞美和喝彩，而不是百般嫉妒和陷害。反过来，我们还要静心思考一下自己的缺陷。你要知道，"天外有天，人外有人"，昏头昏脑地嫉妒别人毫无用处，只有默默地学习别人的长处，化嫉妒为动力，加上不懈地努力才会让自己成功。到那时，别人一定也会为你赞美和喝彩。任何时候千万不要怀着嫉妒的心态做人做事，否则，嫉妒会把你先腐蚀掉。

一次，古希腊的大哲学家柏拉图正在家中向朋友展示一张典雅高贵的椅子，他满面春风地介绍这个由他的学生们集资送来的生日礼物。

他正兴致勃勃地炫耀着，突然进来一位诗人朋友，由于外面正下着大雨，他这位朋友被雨浇得衣着不整，鞋上还粘满烂泥。令众人惊讶的是，他竟然一声不吭地踩到椅子上跳了起来，大声说："各位，你们不要以为我疯了，我是在救人呢！因为柏拉图正沉溺于骄傲之海，身为朋友的我，不能见死不救，现在我要用脚踏去他的骄傲。"

柏拉图听后一惊，接着又赶快对他说："朋友！谢谢你的救命之恩，我必定会报答你这份恩情。"说完，立刻跑进屋内拿出一把椅子，将椅子上的泥巴刷干净，然后又拿起刷子在朋友的身上刷了起来。

他一边刷，一边用同样的声调大声说："今天我柏拉图不小心落入骄傲之海，幸好这位朋友及时赶来，用脚踩死我的骄傲，使我重生。这次，我也用刷子刷去这位朋友的嫉妒，免得他落入嫉妒之海。"

其实，无论在生活、工作、学习中我们常常会嫉妒别人，当别人超过我们时，我们就会有意无意地发泄自己的不良情绪，这就很容易让自己怀着嫉妒的心态去批评、怀疑别人。

我们面对别人的好运和成功，一定要抱着平和的心态，不要因为嫉妒去指责别人，更不要让自己落入嫉妒之海，那样的话你永远都不会成功。与其毫无用处的嫉妒，不如把嫉妒化成你前进的动力。憎恨和愤怒都不是让你成功的方法，你唯一需要做的就是充实自己，给自己一个不需要嫉妒的理由，那样你的人生才会更加精彩。

英国作家萨克雷在《名利场》中写道："一个人妒火中烧的时候，事实上就是个疯子，不能把他的一举一动当真。"只会嫉妒的人找不到自己的生存价值和生活乐趣，每天盯着别人的成功和好运在兴叹。我们要记得前人的教诲：嫉妒生于利欲，而不生于贤美。所以，让我们放下对别人嫉妒，去寻找属于自己的好运和成功吧。

千万不要忘乎所以，否则你将失去所有

人处在顺境和成功的时候，最容易得意忘形，这样的话肯定会滋生败象，古话"乐极生悲"说的就是这个道理。

得意就忘形，只能证明一个人没有自己的追求和目标，有了一点点的成绩，便以为人生的荣耀不过如此了。工作上被表扬或者升迁了，尾巴一定早翘到了天上；凭借一点小聪明、小伎俩侥幸做成一点事业，就开始口不择言，要做中国的首富；做成芝麻点小事，就到处炫耀，仿佛自己无所不能。得意而忘形只会自欺欺人、乐极生悲。

古人说："人生得意须尽欢，莫使金樽空对月。"自己的辛苦得到了回报，抒发一下内心的喜悦是应该的，但得意可不能"忘形"，更不能口不择言。踌躇满志、春风得意的时候一定要冷静地看一眼自己的脚下，到底是踏在实地上还是飘在半空中，切记得意时不要高兴得太早，否则失意马上就要来临。

纵观历史上一些得意就忘形的人，有的因为得意过头被杀，有的辉煌的事业因自己的忘乎所以顷刻间烟消云散。这些都是没有远见者的共性，无非是虚荣心在作怪，只想生活在众人的掌声中。而有实力、有能力的人在得意的时候还会冷静、理智地分析形势，不让胜利冲昏了头脑。唯有这样，你才会走得越来越远。

《战国策》里记载着这样一个故事：

秦昭王看着秦国的实力增强，得意之情也是不自觉地渐长，哪个国家都不放在眼里。一次，他得知韩、魏联合，打算攻打秦国，就问众臣："韩、魏两国的实力，这几年是增长了？还是衰弱了？"

"当然是今不如昔。"大臣们都众口一词。

"那现在的如耳和魏齐，与当初的孟尝君及芒卯相比，哪个更有能力呢？"秦王继续问着左右。

"当然是孟尝君和芒卯的能力强了。"大臣们回答道。秦王得意地哈哈一笑说："想当初，孟尝君和芒卯率领着强大的韩、魏，都不能奈何我大秦。现今，无能的如耳和魏齐，带领着一些老弱病残，还能怎样？"左右也忙着附和。

昭王与臣子闲谈的时候，有一个叫中期的人在一旁弹琴。他把琴一推，对秦王说，"大王如果这么想，那就错了。当初，晋国大夫智伯联合韩、魏围攻赵襄子，把赵襄子围在晋阳。智伯掘开了晋河。一天，他带着韩、魏的大王去视察水况，智伯对他们两人说，'我才知道水可以作为利器，亡人之国呀'！两人担心他会如法炮制灭掉自己，于是，两人合计淹死了智伯，然后与赵襄子瓜分了智伯的领地。现在秦国虽强，还比不过智伯，韩、魏虽弱，也比被大水围困的赵襄子强。所以大王还是不要大意的好"。

这一席话惊醒了狂妄自大的秦昭王，也终于没有因为得意忘形而失去整个国家。

在生活中，我们应该踏踏实实做事，学会冷眼看世界。你可以得意，但不能忘形，更不能没了理智。忘形，就是忘了做人的根本；没有理智，你注定会坠入失败的深渊；在事事进行顺利的时候，也要想着前面是不是有坑在等你跳。

美国标准石油公司创始人洛克菲勒说过："当我的石油事业蒸蒸日上时，我每晚睡觉前总会拍拍自己的额角说：'如今你的成绩还是微乎其微，以后的路途仍会有险阻，若稍一失足，必导致前功尽弃，切勿让自满的意念搅昏你的脑袋。当心！当心！'"一个做出伟大成就的人尚且如此，你还有什么理由可以得意忘形呢？切不能被一点小小的成功迷惑心智，理智、低调地对待成就才是不断前进的保证。

鄙视傲慢，崇尚平等

傲慢是一种无知的体现，也是一种不自量力的狂妄，我们在任何时候都不要有傲慢的心态。

傲慢的人很粗俗，别人好心好意地提醒他时，他却往往会表现出不可一世的粗俗态度来；傲慢的人更是无知，夜郎自大、唯我中心在面对困难的时候表现得淋漓尽致；傲慢的人都很自负，总以为自己要比别人高一等，自己的见解要高于别人，听不得一点不同的意见；傲慢的人也是愚蠢的，认识事物往往和井底的那只"蛙"有得一拼。

傲慢是一种不良的表现，也是一种不健康的心态。傲慢的人在生活中往往会有盛气凌人、哗众取宠的表现，这样一来，就会让别人觉得你无法接近，只好敬而远之，或者避而躲之。傲慢的人会以自我为中心，觉得自己什么都懂，往往会认为别人的建议是对自己的"颐指气使"，所以根本不会虚心接受。试想一下，如果你每时每刻都抱着狭隘偏见的心态去做事，怎么能够取得成功呢？其实，我们仔细观察便会发现，这些人要么是自以为有知识而清高，要么是觉得自己有本事而自大，再就是觉得自己有钱有权就开始目中无人，狂妄自大，殊不知，这正是做人做事的大忌。

中国传统文化素来就是鄙视傲慢而崇尚平等，那些学问越高、知识越多的人都很谦虚，而那些文化低、气量小的人都会很傲慢。如果你不想遭到别人的敌对和排挤，不想有恶劣的人际关系，那么最好把你傲慢的心态丢到爪哇岛去。几千年前的孔子还时常教导自己的学生要懂得"三人行必有我师"，懂得为人不可傲慢，作为现代文明人，我们就更应该懂得放下自己那"虚无"傲慢的架子。

其实，要做到丢掉傲慢的心态，首先要正确地认识自己，先把自己摆到历史的天平上称一下，看看自己有没有资格可以自高自大。要是觉得自己没有，就要时刻提醒自己"山外有山，人外有人"，否则就会让自己吃到傲慢的苦果。

其次，平等对待别人。这不仅是一种待人接物的文明行为，更是自己人品修养的体现。不管你与别人的社会地位和条件有多大差别，千万要收起自己的傲慢，想不被别人鄙视或者被人尊敬就要先学会正确地对待对方。

在2007年亚洲杯三四名决赛的争夺中，韩国队在10人作战的不利情况下，最终在点球决战中击败强大的日本队，获得本届亚洲杯的第三名，同时也拿到了2011年亚洲杯决赛圈的入场券。而日本队则走进了一个误区：这就是以傲慢的态度对待韩国队，而这最后也导致他们输掉了比赛。

日韩之战确实是一场激烈的比赛，尽管只是争夺第三名的比赛，但是本场比赛的获胜者可以直接晋级下届亚洲杯决赛圈的资格。同时，日韩两队作为宿敌，对本场比赛都异常重视。虽然韩国队经过了两场120分钟的比赛，体能上并不占有优势，但在这场比赛中，韩国队却采取了先发制人的战术，自始至终在进攻中给予对手强大的压力。反观日本队，他们显然过于轻视对手，对对手的研究也不够，因此在本场比赛中进入状态明显滞后于韩国队。

对日本队输球的原因简单分析就会看出，日本队根本就没有端正自己的态度。觉得自己在亚洲具有优势，但这并不代表着日本就是亚洲足球的老大。但是，显然日本队并没有觉得自己真正的实力高出对手一个档次，而是傲慢地认为自己高出对手两个档次。在这种情况下，狂妄自大的日本队输球就很正常了。

其实，你对人对物的态度在很大程度上决定着你是否能够成功。聪明的人从来不会让自己踏入自傲的误区，他们都有自知之明、虚怀若谷的心态，总会收起自己外露的锋芒，在没有资格傲慢的时候会俯下身躯，觉得自己有能力的时候更会虚心自知。"不谄上而慢下，不厌故而敬新"，就是要让自己学会认识自己，平等待人，也唯有这样，才会让你少碰钉子，少遇挫折。

凯斯坦伯说过："当你努力克服生活中的分歧时，你将不再傲慢、不再让自己的错误观念放任自流，同时你也会意识到原来凡事是你在和自己开玩笑。"

傲慢会让我们对人对事有了"偏见"，会蒙蔽我们的眼睛，使得我们变得盲目、无所适从，从而失去正确的判断力。因此，我们必须要消除傲慢的心态，不要让它成为我们通向成功无形的"鸿沟"。

不要拿自卑当借口，不如别人更该努力

有的人经常认为自己这里不行，那里也不行，充满了自卑感。而自卑正是阻碍自己成功的心理障碍。

你在单位不论是学历还是经验都无法与同事相比，心里充满了自卑，自暴自弃；你辛辛苦苦工作了一年，年终奖发下来，却是朋友中最少的，羞于提起此事；看到邻居天天开着汽车上下班，而你无论寒冬酷夏都要挤公车，结果每当出门就很害怕遇上邻居，认为自己就是这穷苦人的命；你的孩子学习成绩根本赶不上其他同事、朋友的孩子，常常因为自卑而闭口不谈孩子……自卑是一种无形的敌人，会让你丧失信心，失去前进的动力，更是你走向成功最大的绊脚石。

现实生活中，自卑的人不少，他们的口头禅就是："我不行"，"办不到"，"我怕失败"……他们想用这些借口来掩饰自己的自卑，认为自己不管如何努力都无法达到自己想要的要求，只会眼睁睁地看着别人接受成功的眷顾。

我们自卑的一个表现就是感觉自己不如别人，低人一等，轻视和怀疑自己的力量和能力，而这正是成大事所忌讳的！有一些人往往消极认命，让自卑的

感觉变成现实，这样的人容易放弃个人的努力和奋斗，还为自己的失败寻找借口。还有一些人会自暴自弃，他们很可能走向危害别人的道路，用一种错误的方式来转嫁自己的自卑，往往做出一些蠢事。

其实，有句话说得好："我们每个人都会自卑。"没错，从小到大，我们肯定或多或少地产生过一些自卑的心理，这也让很多人碌碌无为，饱食终日。我们可以承认自己自卑，但是绝对不能让自卑把你控制住，因为与其你为自卑而悲观丧气，庸庸碌碌，倒不如变自卑的弱点为奋斗的动力，争取自己能扼住命运的咽喉，达到成功的目的。如果你能够保持这种态度，再加上自己的拼搏，就一定能战胜自卑。

法国科学家维克多·格林尼亚就是从自卑走出而获得伟大成功的一个例子。

格林尼亚出生于一个百万富翁家庭，从小就过着优越的生活，这也让他养成了游手好闲、盛气凌人的浪荡公子哥恶习。他仗着自己有钱、英俊，到处拈花惹草，自己被人痛恨却还不知道。

一次，一直春风得意的格林尼亚受到了一次严重的打击。在某个富豪举行的晚宴上，他对一位美丽的女伯爵一见倾心，于是就上去搭讪。此时，女伯爵面带冷色地告诉他："请你离我远你一点，我最讨厌被花花公子、腹中无物的人挡住视线！"女伯爵的冷漠和讥讽，第一次让格林尼亚在众人面前羞愧难当。他看着宴席上那些谈笑风生的宾客，突然觉得自己无比渺小，被人厌弃，还遭人讥讽，感到无比的自卑。

他满含羞愧地回到了家里，父亲只和他说了一句话："孩子，自卑只会让你逃避，努力奋斗吧！"于是，他只身一人来到了里昂，隐名埋姓，发奋求学，经过苦读终于进入了里昂大学。在上学期间，他断绝任何社交活动，整天泡在图书馆和实验室。他刻苦钻研的精神也赢得了有机化学权威菲利普·巴尔教授的器重。在名师的指点和他自己长期努力下，他发明了"格式试剂"，并且发表了数百篇学术论文，终于在1912年被瑞典皇家科学院授予诺贝尔化学奖。

格林尼亚从自己自卑的阴影中走了出来，奋发向上，最后取得了巨大的成功，这很值得我们学习。其实，我们从很多杰出人物的例子中都可以看出，他们超越了自卑，当然最后也能超越自己。

下面再来看看这个事例。

十几年前，他从一个北方小镇考进了北京的大学，从小生活的封闭性，让他对大城市的繁华有了一丝害怕、自卑的感觉。

开学的第一天，他邻桌的女同学第一句话就问他："你从哪里来？"而这个问题正是他最忌讳的，因为在他的逻辑里，出生于小城，就意味着没见过世面。就因为这个女同学的问话，使他一个学期都不敢和女同学说话！很长一段时间，自卑的阴影占据着他的心灵。班级每次照相，他都要下意识地戴上一个大墨镜，以掩饰自己的自卑心理；每次有班级活动或是聚会，他都是下意识地去躲避，时时刻刻忍受着自卑带来的苦恼。

直到有一次，偶然听到的一个讲座改变了他的人生态度，让他把自卑抛到了脑后，把自卑变成了前进的动力。他，现在是中央电视台著名节目主持人，经常对着全国几亿电视观众侃侃而谈，他主持节目给人印象最深的特点就是从容自信。他的名字叫白岩松。

自卑不是你不能成功的借口，而是你选择逃避的方法。与其在自卑中让自己庸庸碌碌，为什么不把自卑转变成你奋斗的力量呢？记住，只要你不与自卑为伍，就走在了正确的道路上。

奥地利心理学家阿德勒说过："人有自卑感并非什么坏的情感，关键在于如何对待自卑，是像孩子那样利用自卑作借口逃避现实，事事依赖他人；还是勇敢地克服和超越自卑，走向成功的人生？我的建议是接受自卑，但更要学会利用自卑。"

　　想要摆脱自卑，没有别的方法，只有你真正扭转自己的心态，从自卑到自信，从失败到成功，这条路人人都可以走。只要你相信自己并愿意改变自己，你肯定能够超越自卑。

calmness

第二章

冷静沉着会说话，
技巧方法快学好

人的舌头犹如双刃斧头，挥斧
所到之处，听者和说者两败俱伤。而
当愚蠢的人口出恶语时，只会伤害自
己。所以，我们要有话好好说，有事
理性做。

不说没有用的话，智者寡言

　　人生绝大部分的烦恼，都是从自己的言语中产生的。那些一天到晚说话不停的人，肯定不是受欢迎的人。俗话说"言多必失"，话说得多事情不一定能办成，还会遭人讨厌，实在是一件费力不讨好的事。

　　说话多的人大多有这几个表现：一是无知粗鲁，他们因为无知而无畏，什么话都说，毫不避嫌；二是虚荣，他们为了吸引起别人的注意，总用滔滔不绝的空话，来论证无所谓的小事；三是伪装，他们觉得说的话越多就越能证明自己有水平，岂不知越说越会暴露自己。他们吃尽了苦头却不知道自己哪里出问题了，被人鄙视还觉得委屈。其实，他们应该检讨一下自己说的话是否有问题。

　　"寡言者智"说的就是要在说话的时候直接切中要害，不说废话。一般来说，有智慧的人总是遵守"沉默是金"的古训。与其自己喋喋不休，惹是生非，为什么不选择沉默寡言呢？要知道，再精彩的话，再正确的话，要是冗长不断、滔滔不绝，恐怕没人愿意去听。

　　那些一张口就得到麻烦的人，应该认真地反思一下自己。以人为师是智者所为，永远不要试图去做别人的老师。如果你想成为一个成功的人，一个聪明的人，就要学会在无话可说的时候闭紧自己的嘴巴。学会沉默并不是指无知无识，而是一个人理性做事、冷静做人的表现。

　　沙皇尼古一世在登基后不久国内就爆发了一场由自由分子领导的叛乱，他们要求实现俄国现代化，希望俄国的工业水平和国内建设必须赶上欧洲其他已经迈入工业化的国家。尼古一世随后残忍地平息了这一场叛乱，并判处领袖李列耶夫死刑。

在行刑的那一天，李列耶夫站在了绞首台上，正要行刑时，李列耶夫一阵挣扎之后绳索居然断了，他猛然摔落在地上。在俄国，像这种事情，人们一般会认为是上天恩赐的征兆，犯人通常会得到赦免。李列耶夫在站起来后确信自己确实保住了脑袋，他向围观的人群大喊："你们看，俄国的工业就是如此的差劲，他们不会做好任何事情，甚至连结实的绳索都做不出来。"

一位信使立刻前往官殿报告绞刑失败的消息，沙皇尼古一世虽然对这突如其来的变故很是懊恼，但还是准备签署赦免令。

"事情发生后，李列耶夫有没有说什么？"沙皇询问信使。

"陛下，他说俄国的工业是如此的差劲，他们甚至不懂得如何制造绳索。"信使回答道。

"哦，那就让我们来证明事实与之相反吧。"说完之后，沙皇撕毁了赦免令。

第二天，李列耶夫再次被推上了绞首台，这一次，绳子没有断。

虽然李列耶夫要求俄国进行现代化改革的做法是正确的，但是他却不明白言多必失的道理。行刑之前，绳子没有断，李列耶夫应该感到庆幸，因为活着还能为俄国的现代化做点贡献。但是他的话却还是与沙皇针锋相对，越说越不靠谱，最终未能得以幸免。

朱元璋当了皇帝后，有一天，他儿时的一位穷朋友来京求见。朱元璋很想见见旧日的老朋友，可又怕他讲出什么不中听的话来。犹豫再三，总不能让人说自己富贵了就不念旧情吧，于是还是让人传了进来。

那人一进大殿，即大礼下拜，高呼万岁，说："我主万岁！当年微臣随驾扫荡庐州府，打破罐州城。汤元帅在逃，拿住豆将军，红孩子当兵，多亏菜将军！"

朱元璋听他说得动听含蓄，心里很高兴，回想起当年大家饥寒交迫时有福同享、有难同当的情形，心情很激动，于是立即重重赏了这个老朋友。

消息传出，另一个当年与朱元璋一起放牛的朋友也找上门来了，见到朱元璋，他高兴极了，生怕皇帝忘了自己，便指手画脚地在金殿上说道："我主万岁！你不记得吗？那时候咱俩都给人家放牛，有一次我们在芦苇荡里，把偷来的豆子放在瓦罐里煮着吃，还没等煮熟，大家就抢着吃把罐子都打破了，撒下一地的豆子，汤都泼在泥地里，你只顾从地下抓豆子吃，结果把红草根卡在喉咙里。还是我出的主意，叫你用一把青菜吞下，才把那红草根带进肚子里。"

当着文武百官的面，"真命天子"朱元璋又气又恼，哭笑不得，只有喝令左右："哪里来的疯子，来人，快把他拖出去砍了！"

会说话的人可以升官发财，不会说话的人却因为言语不当遭到灭顶之灾，可见说话的重要性。在社交场合中，少说多听是一条永恒的守则。长篇大论不见得能给你增添光彩，更不能说明你有学问，相反，会给人带来言而不实的感觉。

孔子参观后稷的庙宇后，在金铸的人像背后刻了几句话："古之慎言人也，戒之哉！无多言，多言多败；无多事，多事多害。"

孔圣人刻下这些话就是劝人们宁可保持沉默，也不要自作聪明，废话连篇。为人处世需要很高的智慧，并不是你说话越多就越好。"戒言"并不是无知木讷，而是一种生活的成熟表现，因此心无顾忌可以，但嘴要有所遮拦。

说话不累的人，为人处世就累，聪明的人说话不仅善于表达，而且懂得适可而止，只有愚蠢的人才永远张着嘴巴。

为了避免伤人伤己，管好自己的嘴

许多人喜欢嚼舌头，或是搬弄是非，或传播流言飞语，总以恶意的眼光去观察世界，并且用诽谤的舌头去挑拨离间。看到自己周围某人有点名气了，非得借机损害别人的名声才觉得舒服；异性同事因为工作走得比较近，本来很正常的关系，被你看到了，一定要玷污他们的清白。殊不知，这不仅仅违背了良知道德，自己活得也越来越没人样。

"口是伤人斧，舌是割心刀；闭口深藏舌，安身处处牢。"何况，如果总是诽谤别人，自己也没有好下场，搬弄是非，是非还会找上门，别人对你唯恐避之而不及，到那时，可是难以明哲保身的。

人不能靠舌头来处世，更不能靠舌头诽谤来生活。幸灾乐祸是不冷静的表现，传播流言也绝对不是一个理性的人做出的事情。愚蠢的人总是相信"长舌妇"的诔言，而聪明的人一定会远离他们。说话前先要经过大脑，才能让自己远离难堪，说话谨慎小心，才不会让烦恼缠身。有口无心，只会让自己的信誉丧失，诽谤流言，也只能使得自己自食恶果，自取其辱。

从前有一个小国的国王吃腻了宫里的山珍海味，于是就带着随从到民间遍访美食。这天他们来到了一家饭馆，于是就吩咐店里的厨师为他准备两顿饭：第一顿饭要做成世界上最美好的东西，而第二顿饭则要做成世界上最坏的东西。国王说，如果做好了，受赏；做不好，等着脑袋搬家吧。

只过了一小会儿，厨师做完了第一顿饭。国王于是坐到饭桌前享用第一顿美味，但是只见盘子里是一些时令蔬菜和切成薄片的牛舌。国王的脸色开始变化，而周围的人也都为厨师捏了一把汗。这时，厨师解释说："舌头是人类最好的东西之一。舌头能够说出充满真理的话，这些话能帮助人类成长或者成功，还能够给人勇气，并让人们保持冷静、理智。舌头还能表达出人类的感情，因为这些感人的话语，会让人们紧紧地团结在一起。"国王听了厨师这番话很感动。

几天之后，国王又来到了这家饭店，准备吃这世界上最坏的东西。等菜上来后，国王发现和上次的一模一样。国王发怒，叫来厨师问罪。厨师淡淡地说："陛下，舌头是世界上最好的东西，但也是最坏的东西。因为它会说出愤怒和恶毒的话语，人们听了会伤心、绝望。舌头还能编织谎言，破坏人们和睦的关系，让我们的幸福和快乐不见踪影。"国王听完后大喜，立刻重赏了厨师。

如果你诚实和善良地说话，你的舌头就成了世界上最好的东西；但如果骗人、伤人的话从你的口中说出，那么它就是最坏的东西。

9·11事件发生后，美国成立了全国反恐工作队来进行反恐活动。美国总统布什在新闻发布会上说要在全球范围内消灭恐怖分子，并用"十字军东征"来解释这场对恐怖主义的战争。

此言一出，一些阿拉伯国家和穆斯林团体强烈抗议布什的说法。"十字军东征"是中世纪基督教对穆斯林圣地发动的一场野蛮战争，穆斯林在这次战争中损失惨重，一度被征服。而布什此时正在团结一些阿拉伯国家进行反恐活动，他这次说错话表明他看不起阿拉伯国家，却还要利用他们为自己所用。结果，一些穆斯林团体不配合美国的反恐活动，让美国也付出了惨重的代价。

聪明、理智的人既要做到自己不去诽谤别人，还要防止别人去诽谤自己。做人做事都要尽量坚持与人为善，不说别人的坏话。看到让你不舒服的事情，或者不平的事落到自己头上了，可以理智地评论，但一定不要诽谤他人。盛气凌人的话语，不冷静的行为，会伤及别人的颜面，甚至惹出一些祸端。

《佛经·拘伽利耶经》有云："出生之人，嘴中都长有一把斧。愚者口出恶言，用这把斧劈砍自己。"这句话的意思就是，人的舌头犹如双刃斧头，挥斧所到之处，听者和说者两败俱伤。而当愚蠢的人口出恶语时，只会伤害自己。所以，我们要有话好好说，有事理性做。

心里不平，闭紧嘴巴；心存懊恼，闭紧嘴巴。记住"刀疮易好，恶语难消"，永远不要用话语伤及别人的自尊，因为世界没上没有比这更愚蠢的事了。

说话要给自己留有余地，不进死胡同

"谦虚使人进步，骄傲使人落后"，我们在很小的时候就开始学习做人做事的道理。但是有些人总会前边学，后面就忘。

有些人在言谈中总喜欢把自己当成权威，一看人多，有了"眼球效应"，身体内的肾上腺素就会直线上升，说话指指点点，忽略分寸；他们从来不会为自己缺乏内涵而脸红，大话总是开口便来；说话根本不知轻重，狂言四处，甚至以诋毁别人，借此来换来一点点可怜的关注。

"过头的话不说，过火的事不做。"无论是有意还是无心，殊不知，话说绝了，后果你要承担，要么关系破裂，要么让你名誉扫地，得不偿失。

与人说话切不可颐指气使，尤其当你处于强势的时候。评价别人时也不能挖苦对方，用教训别人的口气说话。你在挖苦别人的时候，一激动把话说绝了：要是他能怎么怎么样，我就怎么怎么样，你就没想到，要是你的话真说错了呢？那个时候，就该你丢人现眼了吧。

很多人不是没有才能，也不缺乏成功的机会，但就是过于冲动，错过了一次次的机会。口出狂言、说话不太靠谱也就罢了，最要命的是这些人常常靠贬低别人来抬高自己，这就有些说不过去了。覆水难收，恶语难消。我们在说话的时候一定要给自己留有余地，不要一张口就狂言四飞，以致害人害己。

斯科蒂·皮蓬是前NBA明星。退役后的皮蓬一直以节目解说、当转播嘉宾为主业。但是他有一次却在ESPN电视台上说太阳队后卫纳什根本不配成为常规赛的MVP（最有价值球员）！事后，ESPN电视台马上终止了和皮蓬签订的转播协议，并禁止他在ESPN有关媒体上露面。

但是皮蓬显然还没有认识到自己口出狂言的危害，一周之后，他在ABA电视台做季后赛评论节目的时候大放厥词，说不光是现役球员的勒布朗·詹姆斯要比乔丹强，就连自己也比他强。此言一出，整个篮球界顿时一片哗然，许多人给皮蓬送上了嘘声，事后ABA电视台立即中止了和皮蓬的转播合同。

其实当年皮蓬在打球时，总觉得自己不受重视，才能不被肯定，于是换了好几支球队。但他的自负、口出狂言让他在NBA混得一直不如意，仅仅靠着乔丹和"禅师"杰克逊为他担着惹下的祸端。因为他和美国媒体一直采取不合作态度，所以导致如今很少有媒体关心他退役后的生活，寂寞难耐的皮蓬现在只能像巴克利那样，依靠发表一些惊人言论来吸引人们的眼球。

这次皮蓬终于吞下了自己恶言结出的恶果。本来自己除了篮球就一无所长，而大放厥词后，他在两家电视台的解说合同也被终止了。皮蓬的口出狂言不仅仅伤害了曾经关爱他、帮助他的乔丹，还为自己狂妄自大、出言不逊买了单！

2002年，美国篮球界发生了"巴克利亲吻驴屁股事件"。早在球员时代，巴克利的大嘴就已经闻名全联盟了，他的臭嘴得罪过的人更是不计其数。但在退役之后，巴克利也恰恰凭借这一项"本领"混饭吃：在TNT电视台担任NBA节目的评论嘉宾。谁也没有想到，他的臭嘴居然会令自己在全美国人民面前出了一次大丑。而这次他的臭嘴事件，和中国球员姚明有着很大的关系。

姚明刚加入NBA的时候，因为刚开始的比赛打得并不好，"大嘴"巴克利就极度看不起姚明。一次，在TNT电视台的节目中，巴克利口出狂言说：要是姚明能在这个赛季任何一场常规赛拿到19分，他就去亲搭档肯尼·史密斯的屁股，还大加嘲笑了姚明一番。

结果，巴克利这次是自己打了自己的嘴巴。一星期后，在火箭对湖人的比赛中，姚明一举拿下了20分。这下，一向对姚明欣赏有加的史密斯逼着巴克利履行诺言。但令巴克利尴尬的是，史密斯却不愿意被他吻屁股，而是牵来一头驴作为自己的替代品，并逼巴克利在驴屁股上兑现承诺，好好羞辱了他一番。

　　聪明的人一般都很谦虚，而那些动辄口出狂言之辈，即使有些专长，也绝对得不到别人的尊敬，而自己还得去品尝说大话惹下的祸，这样除了嘴巴快活了，还得到什么好处了呢？

　　我们在生活、工作中，很多话并不是非说不可的，所以就没有必要非去图个嘴上痛快。信口开河谁都会，可结果呢？一些话，你说的好还不一定达到你想要的效果，遑论不留余地之后的是是非非呢？所以，说话留点余地，做人做事都不累。

　　德国大诗人海涅在《法国的现状》中说："言语之力，大到可以从坟墓唤醒死人，可以把生者活埋，把侏儒变成巨无霸，把巨无霸彻底打垮。"口出狂言，说话不留一点余地的人无疑是为自己自掘坟墓。俗话说"宁吃过候饭，不说过头话"，说的就是不管在什么情况下，说话都要为自己留条退路，千万不要把自己往死胡同推。

看菜下饭，看人说话

说话有技巧，可不是自己随便说说那么简单。人生失败有很多是因为不会看人说话，不了解自己的说话对象，翻来覆去总是那么一套话，既缺乏新意，又没有侧重点，如何能达到目的呢？

愚蠢的人说话喜欢两眼一黑，根本不分自己的谈话对象。好不容易拜访到德高望重的人了，却还一个劲地在那里高谈阔论；教育一个顽皮的幼童，可能就会拉下脸来说些人生的大道理；买菜的时候，还可能会与卖菜的大婶说些哲学话题……上帝都不会对所有人说一样的话，何况普通人呢？

很多人说自己在与人沟通方面如何如何差，想方设法地让自己的言谈话语显得得体大方、充满魅力，但是依然收效甚微。这就说明了一个问题：他们不懂得看人说话，看人行事。在与人谈话时，如果仅仅顾及到了自己，那么这次谈话肯定会不欢而散。因此，如果你不想因为言语而惹上麻烦，那么你必须要根据不同的谈话对象来决定如何谈话。

俗话说："见什么人说什么话。"说话并不只是单纯的表达，还应该有艺术地说话，艺术地说话并不是谄媚，而是指有头脑、会分析。与智者交谈，你最好闭上嘴巴，仔细聆听；与愚蠢的人交谈，大可一言带过；与狡猾的人交谈，一定要小心谨慎；与狂妄自大的人交谈，就要看得透一些……

在说话之前要认真考虑一下什么可以说，什么不可以说。脑袋不要光想着吃饭，还要学会思考和分析，很多时候，成也因为说话，败也因为说话。

元世祖忽必烈是个孝子。有一年，他母亲庄圣太后病了，他请来了曲沃县祖传医师许国桢。经过许国桢精心调理，庄圣太后的病就好了。忽必烈很是感激许国桢，就任他为大汗的私人医生，管理太医院的事情。许国桢的母亲韩氏，做得一手好菜，跟着儿子进入朝廷后，毛遂自荐，做了庄圣太后的厨师，庄圣太后死后，她又给忽必烈掌勺。忽必烈山珍海味都吃厌了，总想换换口味，韩氏灵机一动，就用瘦肉切成长条，拿鸡蛋面糊裹了，先用油炸，然后清炒，做成一道酥而有散、肥而不腻的好菜。忽必烈吃后赞不绝口，问道："这叫什么菜？"韩氏说："喇嘛肉。"忽必烈听罢很解恨。原来，忽必烈的父亲去世后，庄圣太后和一位喇嘛要好。喇嘛庙离庄圣太后的府第不远，却隔着一条河，很是不便。忽必烈为了让母亲高兴，便在河上搭了一座石桥，给喇嘛开了方便之门。太后死后，忽必烈立刻把喇嘛给杀了，韩氏知道忽必烈恨死了这个喇嘛，就说那道菜叫"喇嘛肉"，果然博得忽必烈的赏赐。

后来，忽必烈的西宫也要韩氏做菜。韩氏知道西宫为了保持苗条的身材，不吃鸡鸭鱼肉，便把豆腐切成方块，用素油一过，炸成焦黄色，请西宫品尝，西宫觉得可口，也问叫什么菜。韩氏想：豆腐的颜色焦黄的像虎皮，正好暗讥正官狠毒如虎，就说："这菜叫'虎皮豆腐'。"说罢，暗暗得意，准备受赏，谁知西宫一声也不吭，便叫韩氏退下。原来，西宫的祖父叫虎皮朵儿，正好犯了忌，这下可坏了，西宫给忽必烈告了状，忽必烈为讨西宫欢心，竟剁了韩氏的双手。

从这个故事我们可以看出，学会看人说话是何等重要：话说得好的时候，可以无限风光；而说得不好的时候，却险些丢掉了性命。所以，说话不能投机取巧，一定要对谈话对象的背景有足够的了解，多谈论对方喜欢的，对方的禁忌一句不说，才能有的放矢。

如果你希望说话动人，就先得看看对方是谁，教育水平如何，甚至他的政治立场怎样。你不能对知识程度差的对象长篇宏论，也不宜对高级知识分子举太庸俗的例子。你在不确定对方听得懂的情况下，甚至不能使用不常见的成语和形容词；而遇到了对你有敌意的对象，你甚至都不能直来直去地表达，因为那样更会引起对方的反感。

"看菜下饭，看人说话"，如果你做不到这点，那就最好闭上嘴巴。闭上嘴巴后虽然表达受限了，但最起码不会给你带来无谓的烦恼和伤害。

孔子曾经教导自己的学生说："中人以上，可以语上也；中人以下，不可以语上也。"孔子很早就知道根据学生资质不同教授不同的内容，这和说话也一样，一定要根据对方的背景和特点来进行交谈。他还说过："君子喻于义，小人喻于利。"给对方解释同样的事情，有些人只需点明道理就可以，而有些人必须要采取特别的措施才行。

曲线表达更容易让人接受

　　在与别人的日常交往中，很多人说话直来直去，不懂得采取迂回的方法去达到自己的目的，结果往往事与愿违。

　　说话直来直去的人根本不会考虑别人的想法。向顾客推销一件产品，上来就是一顿介绍，三句不离本行；在职场中，想让领导给自己加薪，一开口就是给我涨钱，不加工资我就走人；求朋友办事，不懂含蓄，直接就让对方自己去掂量；面对针锋相对的商业谈判，快言快语，就是不想能否"曲线救国"……这些都是不会迂回表达的表现。

　　《孙子兵法·军争篇》中说：以迂为直，以患为利。后人发，先人至，此知迂直之计者也。不会迂回表达的人。有时候不仅事情办不成，还因此得罪了别人，最后离自己的目标越来越远。

　　会说话是一门技巧，这也与我国含蓄深沉的文化心理背景相契合。在现实生活中，与人交往是我们每天必须要做的"功课"，说话是最直接的表达方式，而是否会说话就是检查你"功课"的时候了。很多人喜欢直来直去，觉得这样做人不累，但是实际情况却不被对方所接受。如果不能迂回地表达，不仅起不到你想要的表达效果，还会伤害自己。

　　俗话说："正如海上没有一条笔直的航线，陆上也很难找到不拐弯的路。"学会迂回地说话，并不是让你要小聪明、小伎俩，而是用合理、合情的方法让对方接受。推销产品，要远离枯燥的讲解，不妨试试"顾左右而言他"；批评别人，迂回地赞美也是一种好的批评方法；谈判的时候，更忌直来直去，此路不通，大不了换一个谈法；拒绝别人的时候，更要顾及对方的面子和心理感受，这时，迂回表达就更重要了。

　　《战国策》的特点是长于记言，里面有很多经典的说服、劝解别人的篇章。《触龙说赵太后》当属最为精彩的一篇。触龙谏说的对象是盛气而待的赵太后，谏说一旦失败，自己被"唾面"事小，不能解赵国之危事大。他先用"缓冲法"，从请安和问太后饮食行止入手，絮絮叨叨地讲述自己调养弱体、增进饮食的经验。这就使太后生出错觉，以为触龙是来探望、安慰她的，所以"太后之色少解"，戒备稍有解除，触龙谏说的第一道障碍，被巧妙地克服了。然后，触龙用"引诱法"，抓住赵太后爱子的心理，先从自己爱怜少子，想为他谋差事扯入，以引起太后的兴趣。赵太后正为大臣们不体谅她爱子之情而恼怒，眼前竟有个和她一样爱怜少子的老臣，真可谓同病相怜了。
　　至此，太后由"色少解"转为"笑曰"，其兴致勃勃、忧虑顿消的轻快之情溢于言表。触龙不失时机，又用"旁敲侧击法"，由自己爱子，引出"太后爱燕后胜过长安君"的话题，竭力夸赞太后爱燕后"为之计深远"的明智，正是要衬出她爱长安君的"计短"。但妙在他还是不直说出长安君，而去剖析历史上诸侯子孙没有继世为侯的教训。这无异于为太后展开了一幅幅王侯子孙因为"计短"而失位的图画，怎能不令太后心动？至此，触龙才正面提到长安君，并指明太后的做法，看似"计长"实为"计短"。倘要真爱长安君，应"令有功于国"，否则将无以"自托于赵"。谏说至此，太后心悦诚服，一个"诺"字就宣告了触龙谏说的成功。

　　在这个故事中，我们值得回味的是触龙的谏说自始至终未有一语提及"令长安君为质"，而使太后情不自禁，说出"恣君之所使之"——赶快让长安君为质的话，谏说的巧妙令人叹服。《古文观止》的编者评论此文："左师悟太后，句句闲语，步步闲情。又妙在从妇人情性体贴出来。便借燕后反衬长安君，危词警动，便尔易入。老臣一片苦心，诚则生巧。"触龙的谏说，妙在了

"神不知鬼不觉"，步步诱导，不露痕迹。

　　我们知道练太极有个好处，就是教人学会迂回，避免伤害。迂回地表达让听者舒服，自己也会达到自己的目的。生活中，很多事情并不是我们想的那样，走进谈话的死胡同后，不能两眼一抹黑地继续下去，而是适当地转移话题，多引向对方感兴趣的事情，步步为营，让对方心悦诚服。兵法上说：正面不能突破，就要攻其侧翼。迂回表达的说话方式可以使你减少正面交锋，只要摸准对方，我们完全可以从侧面接近自己的目标。

　　清朝学者浦起龙在《古文眉诠》里这样说："意越冷，越投机；语越宽，越省听。由其意冷无非苦心，宽语悉是苦心也。"说话不要只想着最直接、最迅速地让对方接受，在说服别人、劝解别人的时候不要一味地直来直去，而应该根据不同情况改变说话方法。不仅打仗要用到"声东击西"，说话也是一样，学会迂回表达，何尝不是很高的技巧呢？

学会让别人夸你，切莫王婆卖瓜

现实中有些人很喜欢自夸，给别人造成了一种目中无人、唯我独尊的感觉。《圣经》里说：要别人夸奖你，不可用口自夸。自夸的人只会夸夸其谈，而看不到别人的长处。工作上但凡做出了一点成绩，便开始吹捧自己，飘飘然不知所以；看到邻居还在骑着车上下班，就在人家面前故意摆弄自己的新汽车；给别人办成了点小事，就豪言自己无所不能……

谦虚是一种美德，也是人类高尚的品质。古往今来，人们给予谦虚者崇高的夸奖。可是在这个社会上，一些人总喜欢夸耀自己，往往认为自己的学识、兴趣或者成功都高人一等，殊不知，这是没有教养的表现。如果你喜欢在别人面前夸奖自己，而与你谈论的对象是一个豪放的人，或许他还能听得进去，但心里可能会瞧不起你；而如果你面对的是一个失意的人，他一定会觉得你是在讽刺、嘲笑他，这样会给他带来更大的心灵伤害。

有的时候，如果你们交谈的话题对方从来没有接触过，更不曾感受过，而你却喋喋不休，很容易让对方认为你是在自我夸耀，要么无视他的存在，要么鄙视他的无知。这样一来二去，对方以后会逐渐疏远你，说不准还会对你反击，你也会不知不觉地失去一个朋友。

俗话说："自夸的瓜不甜，公认的瓜才是甜瓜。"因此，与人谈话切忌随意自夸，因为这样一来有轻蔑别人、抬高自己之嫌，再则会让别人对自己心生怨气，有意地避免和你碰面。与其只会自夸，不如学会做到让别人主动夸你，这样你会更有面子，别人也更愿意与你交往。

古语云："每好矜夸，常行妒忌。"说的就是喜欢骄傲自夸的人，常有嫉妒之心，也终会因为自己的夸耀吃到苦果。

历史上最有名自夸的例子当属晋朝的石崇和王恺斗富。王恺是晋武帝的舅父，官拜后将军，既有权有势，又有钱。他自恃有皇帝做后盾，就常常自夸自己是天下首富。而"土财主"石崇哪里能听得进去这话，于是立马向众人夸耀自己才是天下首富，两人谁都不服谁，于是就开始斗富。

王恺家里用饴糖水刷锅，门前的大路两旁，用紫丝编成屏障遮风挡阳四十里远，而为增加"天下首富"的筹码，还向外甥皇帝借来从道理上来说民间不应该有的东西——宫里收藏的一株两尺多高的珊瑚树。没想到石崇不甘示弱，财大气粗的他命令厨房用蜡烛当柴火烧，用比紫丝还贵重的彩缎，在门前的大路两旁铺设五十里屏障，当王恺得意洋洋地请石崇到他家喝酒，拿出那株御用珊瑚树时，石崇豪气干云，用铁如意把珊瑚树砸个粉碎，然后不动声色地命令随从从家里搬来了几十株珊瑚树以作赔偿。在这些珊瑚树中，三四尺高的就有六七株，大的竟比王恺的高出一倍！王恺终于被石崇打败了，从此以后，石崇逢人便介绍自己的"辉煌战绩"，到处夸耀自己的财富。

不久之后，石崇因为犯罪被砍头，在临刑前，他叹气道："你们杀我的目的，也就是想要得到我的家产吧！"石崇临死前终于明白了自己不应该自夸、与别人斗富，结果犯下了大错，连自己的命都给搭上了。

人越自夸，自身的价值和能力就会越来越低，就越容易被人看轻。有才情的人都是谦虚谨慎、低调、理智地面对成就的，而过度自夸只会暴露自己内心的浅薄和无知。因此，在与别人谈论中，我们应该注意自己的言语是否让别人产生被比下去的感觉，切忌在别人面前表露自己的得意和虚荣。唯有如此，才能让你说话不得罪人，也不给自己添麻烦。

清朝学者王永彬在《围炉夜话》中谈到"立言"时候说道："伐从戈，矜从矛，自伐自矜是大忌。"伐和矜都是自大、自夸的意思。戈、矛，都是凶器，这句话翻译过来就是，自大、自夸是做人的大忌，这就像拿着戈矛对着自己，很危险。

物越大，味就会越淡。同理，人越自夸，祸就来得越多，所以学会保持谦虚、理智，能够做到言谈不轻视别人，是通往成功的基本条件，也是与人为善的重要手段。

听者舒心易接受，巧妙表达不同意见

卡耐基说过："发表自己的意见是很简单，但这并不代表你能随心所欲地畅谈。"有些人在与别人谈话中，有了意见常常会脱口而出，丝毫不考虑场合和表达方式，随随便便就否认别人的建议，结果得罪了很多人。

这样的人说话根本没有理智和冷静可言，更别谈技巧了。部门商讨发展方案，上去就抢话争话，自己夸夸其谈，把别人晾在了一边；开会的时候为了突出自己的意见，引起别人对自己谈话价值的认同，随便就否认了别人的意见；因为自己工作突出，在总结中常用一些含糊不清，但是确有所指的话对别人冷嘲热讽……这些都是发表意见没有技巧的体现。发表己见时，如不掌握一定的技巧，不仅别人不能接受你的观点，还会对你的动机产生怀疑，甚至产生嫉恨心理，处处与你作对。

我们周围的一些人，遇事、遇人很爱发表自己的意见，总以为自己的话就是"真知灼见"，能给人启迪和帮助，所以常常不分什么场合和对象。其实这恰好是进入了言谈的误区，俗话说"真理尚需巧言"，更不用说自己一般的意见了。如果你在发表自己意见的时候不讲究技巧，不加处理就直接传递给对方，一来你的意见可能不会得到充分的展现，二来可能会让别人下不了台，因此对你心生怨恨。

要想在与人交往中得到别人的认可，受人尊重，得到重视，一定要注意有任何意见都要巧妙地表达。有些人喜欢言辞激昂，说话咄咄逼人，想通过增大说话的声音来引起听话者的震动。虽然说这样做可能会有效果，但是缺陷也是显而易见的：太激烈的话要么容易伤人，不被别人接受；要么会给人言而不实的感觉，让对方觉得你不怎么靠谱。

其实，要做到巧妙发表自己的意见很简单。首先，不要抢话争话，等到对方表达意见后，自己再说，这样才能收到理想的效果；第二，不能含沙射影，有意见要平心静气地陈述，话中带话显然难以达到交换意见的目的；第三，不要随便否认别人的意见，为什么有些人说话就受欢迎呢？因为他们会对别人的意见从不同角度进行肯定和褒扬，然后再顺势采用补充的方式表明自己的意见。这样一来，听者舒心，自己也会圆满发表意见。

小王是个有理想、有抱负的热血青年，就是性子有点急。他大学毕业之后被分配到某中学任教，看到学校的教学方式比较落后，学校风气也比较松散。小王经过询问一些老师和学生，加上自己的思考和调查，逐渐形成了一些可行的方案，准备向学校领导反映。

一次，全校召开教师大会，讨论整顿学风和教风的问题，并且召集大家出谋划策。很多老师都积极响应，并且被安排了发言。学校领导认为小王刚毕业不久，但作为新鲜血液的加入，所以把他的发言安排到了后半部分。开会不久后，主管学风的副校长就让大家提意见。小王觉得自己有责任为学校出谋划策，并想给校领导一个好的印象，所以等领导话音一落，立刻就站起来发言。他唾沫横飞，越说越激动，后来干脆就把后面要发言的老师晾在了一边。众人看得惊呆了，听得也发愣。

好不容易等小王的长篇大论发表完了，其他老师就开始提出各自的意见。没想到，当一个老师刚说了一条建议，小王却径直站起来说："这个意见很不符合我们学校的实际情况。"然后就开始反驳，并且阐明自己的观点。这一情况，让本来还热闹的场面顿时冷却了下来，而那个老师也面有怒色。好在领导见状，赶忙转移了讨论的话题。从此以后，小王在学校总被别人排挤，工作进行得也不顺利，领导也多次找他谈话，最后无奈调到了其他学校。

从这个故事中我们可以看到，小王的出发点本来是好的，都是为了学校的发展，并且自己的意见也很中肯，能解决实际问题。但是他却没能合理、巧妙地发表自己的意见，看到了别人的错误就直言不讳地指出，一点都不懂尊重别人；为了展示自己，就抢别人的风头发言，不给别人发表意见的机会，这实在是说话的大忌。最后，不仅自己的意见没有得到接受，还被别人排挤，最后调走了事。

会说不等于瞎说或乱说一气，巧妙地表达自己的意见，又让别人能愉悦地接受才是说话之道。发表自己的意见，一定要分场合、看对象，还要掌握一定的技巧，切不能靠否定别人来表现自己。

勇敢摇头说"不"，不随便答应别人

生活中，不管别人提出什么要求，自己都会点头答应，根本不会说"不"字，结果弄得自己无比狼狈。因为不会对别人的要求说"不"，把自己没能力干的事也承揽下来，结果使得对方的期待落空，还破坏了双方的友谊；渴望讨得别人喜欢，担心拒绝会让别人看不起，也拒绝说出"不"；上司托你办事，你觉得自己低人一等，宁愿冒着违反公司规定去做，也不会把"不"字说出来。

在与人相处时，我们经常会面对别人的请求，比如借钱，邀请你参加聚会，帮忙做事等等。如果我们对这些请求并不是那么愿意接受，但又不好意思直接就把"不"说出来，自己就会陷入两难境地。这些人一来是自己的道德标准很高，他们会为说"不"感到内疚；再则就是怕别人会把自己看扁了，死撑着也不会说出"不"。

其实，说"不"的方式有很多。沉默、拖延、推脱、回避反诘、客气……这些都是我们能轻松说出"不"的方法，轻松而又理智地把"不"说出来绝对是一门艺术。有很多时候，有人找你求情、办事，而你在原则上又不能答应，这时不妨换个方法，用委婉的措辞把"不"字说出来。这样一来，既消除了自己的尴尬，也能给对方一个台阶下。

小张毕业后就应聘到了一个单位。现在大学生找一个不错的工作很难，所以他把自己的姿态放得比较低，主动打扫卫生，给别人跑腿，希望能很快被前辈接纳。

　　他每天第一个到办公室，打扫卫生，帮科里每个前辈擦桌子，不但所有的卫生全负责，而且还要给他们泡茶水，可是，工作并不像他想象中的那样顺利。

　　原来，办公室的前辈经常把小张当成跑腿的，让他做这个干那个，哪儿脏了就说："小张啊，把这儿收拾一下。"谁的工作不想做了，就吩咐他："小张，把这个帮我弄一下。"小张本来以为，等有了自己的工作范围后，前辈们就不会再随意使唤自己了，可是，不但一切没有改观，他自己的工作量也增加了不少。这也难怪，本来自己的事情没做完，还要帮他们做完。可是他总有这样的想法：自己是临时工，无法拒绝别人，无法推卸掉原本不属于自己工作范围的任务，超强的工作负担和复杂的人际关系真是让他焦头烂额。对此，小张总被领导批评，真是苦不堪言。

　　小张已经不堪重负了，于是就向一个和自己关系还不错同事请教如何才能解脱。同事告诉他："在职场，你一定要学会有技巧地拒绝别人，学会说'不'。你可以礼貌地告诉别人，自己的工作还没有做完，让同事明白，你并不是无事可做。如果你不懂得拒绝别人，只会让自己陷入一大堆麻烦之中。"

　　小张听后恍然大悟，于是，等再有同事"指挥"他干一些根本不属于他该干的事情时，小张会礼貌地对同事说："等我做完了我该做的事情，再来帮您忙，可以吗？"这样过了几次，向来无故"剥削"小张劳动力的情况果然就消失了。小张全身心地投入到自己的工作中，取得了不小的成就。

　　所以，我们只要运用一定的技巧，加上智慧，就能把"不"轻松说出口。想说出"不"的时候不要编造借口，但是在说出之后一定要坚持住，否则很容易又被别人说服，自己又得把"不"吞掉。当我们羞于说"不"的时候，是因为没有恰当地掌握能轻松说出的办法。我们在处理重大事务时，来不得半点含糊，应当明确地说"不"。

calmness

第三章
用理性和智慧，为成功铺路

对一个有远大抱负或者想成大事的人来说，绝对不可执着于一时的成败荣辱，遇事要冷静、理智、灵活变通。有希望赢，就坚持，时机不利，退一步也无妨。

不要只看眼前，要往远处考虑

　　在复杂的人生旅程中，社会发展和激烈竞争一刻都不停地伴随着每个人的成长。在多变的社会中，没有实力确实很难赢得竞争；但是有时候实力到了，身处的环境却不允许你贸然行动。这个时候，你要做的就是等待。

　　也许有的人认为等待是懦夫的表现，缩头缩尾地没有一点大丈夫胸怀大志的"姿态"。但是，你要想想：锱铢必较，到头来捡了芝麻却丢了西瓜；不懂技巧，最后"出师未捷身先死"；为了一点蝇头小利，最后失去了整个大好局面，前功尽弃；失败之后，理智和冷静都不见了踪影，觉得天昏地暗，没有了一点信心……以上种种都是不会放弃眼前、不懂等待的表现。但是，若想要从困境或者失败中抽身而出，并不是一件容易的事情，这不仅需要高超的智慧和立足长远的本事，还需要韧劲和耐心。如果不会等待和暂时放弃，就像钻进死胡同一样，历尽艰难却发现已无路可去。

　　俗话说："识时务者为俊杰。"说的就是你要认清当前的形势。坚持固然很重要，但是学会适时地放弃更是一种难得的智慧。

　　鹰能搏击长空，就是因为它在羽翼还不丰满的时候懂得等待，没有想着一飞冲天，如果盲目地飞翔，只会落入猎人的口袋。很多人遇事后，只局限于眼前，却没有考虑现实的条件和长远的利益；再则就是失败之后立马撒手不干，觉得已经山穷水尽了。殊不知，如果暂时放弃，鹰会羽翼丰满，遨游天空；你也会东山再起，柳暗花明。

楚汉争霸末期，项羽兵败垓下，他在率百余将士突围到达乌江边后说："吾起兵至今八岁矣，身七十余战，所当者破，所击者服，未尝败北，遂霸有天下。然今卒困于此，此天之亡我，非战之罪也。今日固决死，愿为诸君快战，必三胜之，为诸君溃围，斩将刈旗，令诸君知天亡我，非战之罪也。"项羽觉得这次战败是天要亡他，而不是自己决策的失误。这么迷信也就罢了，当守江的亭长和众将士一致希望他渡河到江东称王时，他笑着说："天之亡我，我何渡为！且籍与江东子弟八千人渡江而西，今无一人还，纵江东父兄怜而王我，我何面目见之？纵彼不言，籍独不愧于心乎？"项羽在落败之后还低不下他"高贵"的头颅，还只想着自己无颜面对江东父老。可是话说回来，你如果渡河了，称王了，有朝一日能打败刘邦了，岂不是更对得起江东父老呢？

项羽的自杀，是放弃了眼前的生存机会，他就没想到自己能东山再起。同时，这也从侧面反映出这个人是高傲和自卑的结合体，他遇事不理智，不会让步，最后落得个悲情英雄的"虚名"。杜牧在他的《题乌江亭》诗中写道："胜败兵家事不期，包羞忍耻亦男儿。江东子弟多才俊，卷土重来未可知。"杜牧的诗透露出传统的儒家思想，他告诉我们，意气用事，眼光局限是成大事最大的敌人。"小不忍则乱大谋"，放弃眼前是为了长远之后更大的收获，中华民族的传统也是在"善忍"、"有远见"中折射出坚强不屈、生生不息的精神。

反过来我们看刘邦，他能忍受各种侮辱，也注定了他以后会飞黄腾达，有所成就。眼前毕竟是小的危害，"仅仅是钻过去而已，不会掉一根头发"，而以后更大的目标是发迹和崛起。试想一下，如果当时刘邦"愤而拔剑"，那么历史可能就会改写。纵观整个历史，但凡有所成就的人都是有所忍，有远见的。司马迁不就是因为忍了宫刑才换得不朽著作《史记》的诞生吗！谁能说"君子待时而动"不合乎规则呢？古人早就知道了理智和冷静是成功的基石。

许多站在舞台上光芒四射的成功者，往往都要忍受比常人更多的痛苦及失败的经历。而善于放弃，善于退让，善于忍一时之气来获得最终的成功，才是计谋的妙处所在。

海信公司董事长周厚健在谈到公司如何进行财务管理时说过："安全比盈利更重要，盈利比规模更重要。我们先要肚子后要面子，企业在重大投资时要量力而行，决不尽力而为。真实是财务的生命，决不用一个错误掩盖另一个错误。"

从这些话中我们可以找到海信之所以能在中国电子信息前10强稳居多年的答案。这些立足于长远发展的财务管理法则确实是企业管理的"金科玉律"。没有长远的计划，只看到眼前局部，企业不能做大做强，同样，做人也不会成功。

彼此之间退让三分

人在社会上行走，难免与人磕磕碰碰，有了冲突很正常，关键是你会怎么做呢？是耿耿于怀，视别人为对手？还是宽容大度，化干戈为玉帛呢？有了冲突如何处理，也是成大事者和碌碌无为者的区别所在。

有些人无论遇到大事小事都要逞强，本来很小的事情，轻则破口大骂，重则挥舞拳头；为了自己所谓的"人要一口气"，闹得满城风雨，越闹越僵；为了"气概"而肆意挥洒邪恶的怒火，结果树敌无数。这样对人对己都没有好处，何必为之呢？罗兰说过："当你宽容别人的时候，你就不会感到自己和别人站在敌对的位置。"

遇事不能忍，自己付出的代价恐怕是比对方更大：情绪剧烈波动，影响健康；冲突加剧，最后做出傻事，害人害己……

古人说："行忍情性，然后能修。能忍则安，全身远祸。"说的就是人在生活中要学会"忍"，有的时候问题很快就能解决，更何况一些问题不是自己就能解决的。这时候，你要做的就是忍。

谁都会可能遇到个人利益冲突或是他人有意无意地侵害，这时你就要学会忍让，经受能否理性思考的考验。即使你无法控制自己的感情，也要管住自己的嘴巴，因为很多事不是靠大吵大闹就会见效的。忍一忍，冷静、理智地控制住自己的怒火，你才会慢慢成熟。

"忍一时风平浪静，退一步海阔天空"，遇事后一味地争强好胜有时会成为祸患的起因，而不是解决之道。

在两座大山之间有一条河流，因为山高水多，所以水流很急。可是河上只有一座独木桥，窄得每次只能容一个人经过。

有一天，北山上的羊想去南山吃草，而南山上的羊想到北山去拜访朋友，结果两只羊同时上了桥。可是当它们到了桥中心之后，才发现桥的宽度不能同时让它们都通过。两只羊都想：如果退回去吧，白走了这么远了；不退吧，谁都过不去。

北山的羊见相持这么长时间了，而对面的羊还是没有退让的意思，便冷冷地说："嗨，你有没有长眼呢？没看到我过桥啊？"

"我看是你没长眼吧，要不，怎么会挡住我的道呢？"南山的羊显然也生气了。

"是我先上桥的。"

"是我。"

"你到底让不让呢？不让我就硬闯了。"说完，它摆了摆头上的犄角。这个时候，南山的羊也被彻底激怒了，"哼，想和我斗，找死！"说完就低头向北山的羊冲了过去。

咔嚓！它们撞在了一起，随后就听到"扑通"一声，两只羊同时掉到了水中。山里顿时又安静下来，两只羊甚至还未来得及扑腾一下就被淹死了，湍急的水流立马就冲走了它们的尸体。

两只羊都不会忍，结果都丢掉了性命。其实，忍让是一种策略，目的是为了能更好地前进。"小不忍则乱大谋"，有智慧的人，不会拘泥于眼前的得失，在双方有了不冷静的争执时，宁可选择忍，而不是鲁莽行事。

清朝中期有一位名臣叫张英，官至礼部尚书。他素来注重修身养性，孝敬父母，颇得别人的敬重，在朝廷做官的时候把老母亲安置在安徽的老家颐养天年。

有一次，张英回家看望老母亲时，看到房屋年久失修，就令人整修，自己安排好后就赴京处理公务。

恰好，邻居叶家也正在修建房屋，并想占用两家中间的通道。可是张家也要用这个地方扩建。于是，两家便发生了争执，张家刚挖好的地基，叶家随后就派人在后面填土；叶家刚开始动工，张家的人就抢夺工具。两家争吵过多次，双方险些动粗，都不肯让步。

张老夫人一气之下，就派人去京城送信，让张英马上回家处理这事。张英看完老夫人的信，不急不躁，随后就提笔下了一封短诗："千里家书只为墙，让他三尺又何妨？万里长城今犹在，不见当年秦始皇。"写罢，令人火速送回。

当张老夫人看完信后，立马就明白了儿子的意思。可不是吗？为了这区区三尺墙，不仅仅伤了邻居和气，自己身体也大不如以前了。老妇人想明白后，立即把自己的墙退后三尺修建。而邻居看到后，羞愧万分，也退后三尺建房，并且登门道歉。这样一来，两家之间空出了六尺的巷子。当地人纷纷传颂这件事情，使之成为美谈。

让一步是一种智慧，一种涵养。不争，并不是因为怯懦，而是成功者的胸襟使然。"无忍无以处世"，想要成就伟大事业，想要有所成就，一定要在慌乱的时候从容自如，在争论中豁然大度。"海纳百川，有容乃大"，如果你能容人所不能容，处人所不能处，还有什么能难住你的呢？与其用力做事争一步，不如用理做事让一步。

莎士比亚名剧《威尼斯商人》中有关于忍让的一句精辟的话："宽容就像天上的细雨滋润着大地。它赐福于宽容的人，也赐福于被宽容的人。"我们做任何事都不要争个你死我活，不忍固然可以暂时缓解心中的愤怒或是压力，但是这种不理智、不冷静的行为终究要自毁前程，失去长远的利益。我们要时刻提醒自己，能放下是智慧，能包容是慈悲。

不逞强做不到，要退让抓时机

无论在生活中、职场中还是生意场上，切忌逞强好胜。前人已有太多太多因逞强好胜而输得精光的教训，可在现在浮躁的社会里，这样的事依然层出不穷。

逞强好胜的表现不一而足：有些人事业心太强，别人做到的自己必须也要做到，结果要么败得一无所有，要么患上"强迫症"；有些人爱夸海口，凡事都要出出头，露露脸，办不成的事也要死扛，为了面子硬着头皮也要上；还有的人从不知道退让，觉得后退就是失败，即使没有好的机会也要一意孤行，结果往往会输得很惨。

俗话说："三十六计，走为上计。"从《孙子兵法》中衍生出来的"走为上"的计策可谓是家喻户晓，妇孺皆知。但是很多人却不懂得灵活运用，明明是到了危机时刻，还要死撑硬抗，可谓是得不偿失。在没法取得胜利的时候，为什么不能暂时退一步，为日后的反击创造条件呢？

一位将军曾经说过："我打仗从不逞强，除非万不得已，否则我该退就退。"不逞强好胜不是说一遇到挫折和挑战就要跑，而是要理智、冷静地分析，如果客观情况不允许你再坚持，那么你为什么还要做无谓的牺牲呢？

别人也许不了解，难道你自己还不了解自己吗？关键时刻一定要理智地决策，"打不过，咱就跑"。商场上竞争激烈，尔虞我诈，若自己实力不足，又找不到制胜的方法，为什么不让一让呢？无论进或退，都是为了能以最小的牺牲换取最后的胜利。

二战的时候，希特勒在闪击波兰之后，没有立马去进攻苏联，而是开始在欧洲铁蹄肆虐。英、法两国的欧洲地盘被希特勒一点点地侵蚀着。为了迷惑英、法，达到偷袭的目的。希特勒一再呼吁"和平"，而暗地里却加紧对两国的战争准备。1939年10月9日，希特勒签发了准备对西欧各国进攻的"黄色方案"。三个月后又签发了代号为"威赛演习"的作战指令。从1940年4月到5月，他先后袭击并且占领了丹麦、挪威、荷兰，并且越过了法国重资修建的马其诺防线，攻入法国，然后将英法联军压缩包围在敦刻尔克海滨的一小块地方，40万军队岌岌可危。

关键时刻，英国首相丘吉尔考虑了当时的情况后下令暂时撤退，在5月26日组织各种舰船云集敦刻尔克协助英法联军撤退。经过9天9夜的苦战，终于运送30多万人的部队安全地撤到英国。4万名法国士兵因未及时撤退当了俘虏，而联军的坦克、大炮和汽车等重型机械来不及撤走，都留给了德军。

历史证明，"敦刻尔克大撤退"是成功的，它保存了盟军仅有的主力，而法国的一些飞行员也及时弥补了随后在英德空战中士兵的损失。到1944年6月开始盟军在欧洲开辟第二战场时，这30万盟军士兵又成为了诺曼底登陆的主力，改变了整个二战的战局。

丘吉尔在撤退成功后说："我们一定要战斗到底，我们将在海滩上战斗，在农田和街道战斗，但我们不会投降。我相信今天的敦刻尔克的成功撤退，将是明天胜利的开始。"

不单单战场是这样，在商场上，这样的例子也屡见不鲜。

德贝内德蒂是意大利著名的企业家，在微型电脑刚刚开始崭露头角的时候，他成立了一个研究实验室，投入大量的人力和财力，开始研制办公型和家用型的微型电脑。当成果马上就要出来的时候，美国IBM公司抢先一步推出了同类产品，并且畅销世界。

继续推出自己的新电脑已经是没有意义了，因为对于高科技产品而言，一步先则步步先。但是要放弃公司的新产品更是痛苦的，这意味着前期大量的投入全都打了水漂，何况要说服那些科研人员也并不容易。

德贝内德蒂左右为难，但最后还是下定决心：放弃继续研究。同时，他在IBM计算机的基础上，重新开发研究更加物美价廉的兼容机，最后果然大获成功。

所以，对一个有远大抱负或者想成大事的人来说，绝对不可执着于一时的成败荣辱，遇事要冷静、理智、灵活变通。有希望赢，就坚持，时机不利，退一步也无妨。

一定不要固执坚持没有成功希望的事情，因为你注定会失败，会输得一无所有，连翻身的希望都没了。我们不要做赌徒，而要做理智分析形势的智者。

投资大师巴菲特说："我并不试图超过7英尺高的栏杆，我到处找的是我能跨过的1英尺高的栏杆。"这是他无数次奉告很多投资者的话。而许多好高骛远的投资者，自身条件不足，但总觉得奇迹会在自己的身上发生。这不知是可笑还是可悲，但是有一点却是肯定的，只会逞强不会退让，最后只能一事无成。

舍弃不是缺少什么，而是取得更重要的

很多人最不会做的事就是放弃，什么都抓得紧紧的，结果却让自己身心疲惫，苦不堪言。

不懂得放弃的人大多是目光短浅、毫无建树的。公司研制的产品被竞争对手抢先推出，自己为了面子问题，不肯放弃，结果损失越来越大；本来感情已经干涸的一份爱，还执着地坚守着，希望得到上天的眷顾；事业有成，不缺名利了，但是还要死死地抓着名利的缰绳不肯松手……这些人都不懂得适时地放弃。不懂得放弃的人终会被自己所拥有的东西所压垮，如果什么都不放，到最后自己肯定一无所有。

人生在世，不可能享有世界上所有的美好事物，何况人不会带着任何东西出世，死也不会带走什么。纵观历史的长河，懂得放弃的人大都是智者。关羽虽然勇猛，但也有过被曹操抓住的经历，可他"人在曹营心在汉"，心中总想着扶刘复汉，最终就有了"千里走单骑"的壮举；文天祥放弃了荣华富贵，才留下了"人生自古谁无死，留取丹心照汗青"的千古绝唱；昭君出塞，放弃了个人的幸福，使得一方百姓能够安居乐业……

古人尚且能够做到这些，为什么我们不能呢？人一生有许多难以取舍、困惑不已的琐事所纠缠，再加上名利的驱使，很多人都没有了断然舍弃与理智抉择的能力。但是，学不会放弃的人终究会被生活所放弃。放弃不是逃避，而是为了更好地前进，所以懂得放弃才是人生的真谛。

我们要学会放弃，不要硬挺着坚持，否则只会消磨你的意志，让你迷失自己。一味地坚持再坚持，只能做出无端的牺牲，这是一种愚蠢者的行为。我们做任何事都要量力而行，你不会一伸手就能摸着天际，更不能一生拖着名利前进，那样只会让你越活越累。

有一次，苏格拉底带着自己的学生来到了一个山洞里，学生们都很纳闷，他却打开了一座神秘的仓库。这个仓库里装满了各种各样的宝贝。学生们仔细一看，每件宝贝上都刻着清晰可辨的字，有骄傲、嫉妒、痛苦、烦恼、谦虚、正直、快乐、名声……这些宝贝每个都是那么漂亮，那么诱人。这个时候苏格拉底说："孩子们，这些宝贝都是我积攒多年的，现在我送给你们，喜欢什么就尽管拿吧！"

学生们见一件爱一件，抓起来就往口袋里装，有的人甚至还拿了很大的袋子。可是等他们下山的时候才发现，装满宝贝的袋子是无比沉重，简直要把他们的腰压弯了，没走多远，一个个便累得要死，两腿发抖，再也无法挪动半步。

苏格拉底见状，说："孩子们，拿不动的就丢掉一些吧。后面还有很长的路要走呢！"于是，一路上"骄傲"被丢了，"痛苦"被丢了，"嫉妒"被丢了……口袋果然轻了不少，但是学生们还是两腿灌铅似的一步步地挪动。

"孩子们，再翻翻吧，看看还有什么可以再丢掉。"苏格拉底再一次劝解他的学生们。

学生们终于在袋子的底部把最重的"名"和"利"给翻出来扔掉了，口袋里只剩下"正直"、"快乐"、"幸福"……一下子，他们的口袋轻了起来，有一种说不出的轻松和快乐。苏格拉底这个时候也终于笑了起来："呵呵，你们终于学会了放弃！"

这个故事虽然很简单，但道理却很深刻。俗话说："熊掌和鱼不可兼得。"取得利禄就要放弃悠闲，有时候得到权位就会丢掉性命。这个时候，拖着名和利劳累一生，放了家庭幸福，放弃了悠然自得，放弃了健康身体……又有什么收获呢？

　　我们每个人的一生都在选择和放弃中度过，有的人会因为放弃而得到了更多，而有些人不舍得放弃任何东西，整天沉溺于舍与得的思考当中，终会一事无成。所以，学会放弃是一种人生智慧，只有放得下，才能拿得起。

　　台湾作家刘墉说过："会'取'是一种本事，能'舍'是一门哲学。没有能力的人取不足；没有通悟的人，舍不得。舍之前，总要先取，才有的舍，取多了之后，常舍弃，才能再取。所以'取'、'舍'虽是反义，却也是一物的两面。"

　　人生在世，就要会"舍"，只有会舍的人才能有"得"。把什么都往口袋里放，终究会累死在半路上；只有一路放弃那些身外之物，才能一路得到幸福、快乐，这样才能完美地到达终点。

持之有度，贪婪只会让你失去更多

"物壮则老，谓之不道。不道早已。"人的欲望是永不满足的。人们极易成为欲望的奴隶，变得越来越贪婪，最后迷失自己的方向，把原来的成功也丢掉了。

社会上有很多人都不懂得做人做事要持之有度。工作中，很多人总有一种不拿白不拿、不吃白不吃的贪婪心态，觉得自己不做别人也会做；和朋友相处，过分热心，最后每个朋友都躲得你远远的，生怕你"无微不至"地关心；刚毕业的大学生，赚钱不多，却无节制地物质享受，过早地被债务拖累；和人做生意，狠命赚人家一次就跑，殊不知是断绝自己的后路……不会适可而止的人迟早会付出沉重的代价：贪欲过多，走向了罪恶的边缘；人际关系恶化，让你事事难办。

俗话说："贪心图发财，短命多祸灾。"道理虽然有点极端，但也说明了一个问题，就是凡事不会持之有度、适可而止的人必定是失败的人。世上美好的东西无数，一旦你踏入贪婪的"雷区"，要不累死你，要不气死你。可能眼下你还沉溺于欲望得到满足的幸福，可转眼就会寻觅下一个目标，这样的人生能快乐吗？

所谓"福德不可以享尽"，说的就是让人懂得适可而止。凡事没必要非得发挥到极致，在恰到好处时享受这种"恰好"带来的趣味，何乐而不为呢？

贪婪的人往往很容易被事物的表面现象迷惑，甚至难以自拔，时过境迁，后悔就晚了！古代有多少帝王、大臣做事因为不会持之有度而国破家亡呢？而现在的大千世界，到处都充满了诱惑，所以，我们更应该让自己有一个冷静的头脑、理智的心态才能笑傲人生。

有一个小孩，大家都说他傻，因为如果有人同时给他5角和1元的硬币，他总是选择5角，而不要1元。有个人就不相信，于是拿出两个硬币，一个1元，一个5角，叫那个小孩任选其中一个，结果那个小孩真的挑了5角的硬币。

那个人觉得非常奇怪，便问那个孩子："难道你不会分辨硬币的币值吗？"

孩子小声说："如果我选择了1元钱，下次你就不会跟我玩这种游戏了！"

这个人立马被小孩的话震惊了。的确，如果他选择了1元钱，就可能没有人愿意继续跟他玩下去了，而他得到的，也只有1元钱！但如果他拿5角钱，把自己装成傻子，于是傻子当得越久，他就拿得越多，最终他得到的，将是1元钱的若干倍！

这就是这个小孩的聪明之处，他懂得持之有度能给自己带来更多的利益，而他的简单思维足够令我们汗颜了。在现实生活中，我们不妨向这个"傻小孩"看齐——不要1元钱，只要5角钱！你要知道，你的贪婪不仅损害了他人的利益，还会让他人对你的贪婪反感。也许有人可以容忍你的行为，不在乎你的贪婪，但如果你懂得适可而止，就会让他人对你有更好的印象与评价，因此愿意延续和你的关系。

俄国作家克雷洛夫写过一篇著名的寓言，叫《杰米扬的鱼汤》。

主人公杰米扬十分好客。一天，一位朋友远道来访，杰米扬非常高兴，亲自下厨烧了最拿手的鱼汤来招待朋友。朋友喝了第一碗，感到很满意，于是杰米扬劝他喝第二碗，第二碗下肚，朋友有点嫌多了，但觉得还能接受。可杰米扬没有觉察，仍然一个劲地"劝汤"，第三碗、第四碗……最终，朋友终于忍无可忍，丢下碗拂袖而去，留下杰米扬一个人坐在饭桌边发呆。

我们做任何事情都不能超过限度。鲜美的鱼汤无疑是佳肴，但过了量，就会适得其反。物质享受再美好，精神却被你的贪婪折磨得极度疲惫，一样是得不到快乐。想想看，我们在工作、生活、与朋友相处时有没有过这种"过度"的时候呢？

"当生意更上一层楼的时候，绝不可有贪心，更不能贪得无厌。有钱大家赚，利润大家分享，这样才有人愿意合作。假如拿10%的股份是公正的，拿11%也可以，但是如果只拿9%的股份，就会财源滚滚来。"在谈到如何做人、做生意的时候，李嘉诚曾这样说。李嘉诚之所以能成为受人尊敬的企业家，不仅仅在于他慈善事业做得到位，更是在于他的为人处世。控制贪欲，懂得适可而止，不让别人嫉恨，这也许就是李嘉诚的成功的秘密吧！

贪婪会让人丧失理智，做出愚昧不堪的行为。因此，我们应当采取的态度是：远离贪婪，适可而止，知足者才能常乐。

注重细节才能做成大事

很多人觉得自己能做大事，但是对很多小事却不看在眼里，认为细节的问题不会影响大局。殊不知，这才是做事的大忌。

忽视细节无疑是目光短浅的表现。公司进行投资，与对方签合同的时候忽视细节的问题，结果吃了大亏；给领导起草市场研究报告，"大概"、"差不多"、"可能"的字眼充斥全篇；外出旅游，不注意细节的准备，最后憋了一肚子气回来……生活中不注意细节而吃亏失败的事情比比皆是。不起眼的小事会对最后的结果产生很大的影响。忽视细节让你饱受失败，做事无功而返，更将会被这个精益求精的社会所抛弃。

俗话说："千里之堤，溃于蚁穴。"这句话说的就是我们办事要从大处着眼，小处着手，做好每一个细节，日积月累，才能迈入成功的殿堂。生活的一切原本都是由细节构成的，决定成败的也必将是微若沙砾的细节，所以细节就好比一条铁链，每个细节就是一个铁环，不管哪个细节没做好，整条链子也就没用了。

生活中很多毫不起眼的细节可能就是我们成功的绊脚石，如果每个细节都不注重，最后一定会导致质变，让成功彻底离你远去。"成大事者不拘小节"，这绝不是成功者应该信奉的，我们周围到处都是想做大事的人，但愿意把小事做细的人却很少；企业中从来都不缺少有雄心抱负的战略家，缺少的是一丝不苟的执行者。所以，我们要想成功、有所成就，就必须要注重细节，把小事做细。

纵观现实，很多失败的例子都是因为不注重细节造成的。2003年美国"哥伦比亚"号航天飞机失事的原因居然是因为火箭在升空的过程中，外挂燃料箱表面曾有一块热阻片脱落击中了航天飞机左侧的机翼，最后却导致了飞机在进入地球的时候发生了爆炸，一个小小的热阻片，竟然导致了近90吨的庞然大物"栽了跟头"。

《武汉晨报》曾经报道过这样一个故事。

某大学的应届毕业生小陈在去参加招聘会的那天早上，不慎碰翻了水杯，将放在桌上的简历浸湿了。为尽快赶到会场，小陈只将简历简单地晾了一下，便和其他东西一起匆匆塞进背包。

在招聘现场，小陈看中了一家房地产公司的广告策划主管岗位。招聘人员问了小陈三个问题后，便向他要简历。小陈赶紧掏出简历才发现，简历上不光有一大片水渍，而且放在包里一揉，已经不成样子了。看着这份伤痕累累的简历，招聘人员的眉头皱了皱，但还是收下了。那份折皱的简历夹在一叠整洁的简历里，显得十分刺眼。

三天后，小陈参加了面试，表现非常活跃，无论是现场操作Photoshop，还是为虚拟的产品做口头推介，他都完成得不错。在校读书时曾身为学校戏剧社骨干社员的小陈，还即兴表演了一段小品，赢得面试负责人的啧啧称赞。当他结束面试走出办公室时，一位负责人对他说："你是今天面试者中最出色的一个。"

然而，面试过去一周后，小陈依然没有得到回复。他着急了，忍不住打电话向那位负责人询问情况。负责人沉默了一会儿，告诉他："其实招聘总监对你是很满意的，但你败在了简历上。老总说，一个连简历都保管不好的人，是管理不好一个部门的。你应该知道，简历实际上代表的是你的个人形象。将一份凌乱的简历投出去，有失严谨。"

忽视很小的细节导致陈某与很好的工作失之交臂，这也说明了细节的重要性。要展示完美的自己很难，它需要每一个细节都要完善；但毁掉自己却很容易，只要一个细节没注意到，就会给你带来难以挽回的影响。商场如战场，一个细节的疏忽就可以让你的努力前功尽弃。所以，不注重细节的人，无论做什么都会吃亏。

小事成就大事，细节才能成就完美。很多事业有成的企业家都会强调细节的力量，从细节中寻找创新，在细节中完善服务。我们做事也是一样，要知道小事成就大事，细节成就完美，切记：成大业若烹小鲜，做大事必重细节。

不要一条路走到黑

人生总会碰到很多走不通的路，可悲的是很多人却不会变通，失败了一次又一次却依然执迷不悟，像没头的苍蝇一样乱撞。

有些人做生意失败了，很不服气，觉得自己绝对是做商人的料，结果越做赔的钱越多；本来自己的实力不足以去应聘一个很高的职位，却抱着"无知无畏"的态度去尝试，让自己的信心很受打击；工作的时候，一开始的判断就可能出现了偏差，却还在做无谓的坚持；家长逼着对学习一点儿不感兴趣的孩子学习，总认为读大学才是唯一的出路……一条路走不下去了，却不懂得及时收步的人，要么无奈地接受失败，要么撞个"头破血流"。

西方有一句闻名世界的谚语："条条大道通罗马。"这句话说的是通向成功的路并不是只有固定的一条，而是可以通过多种途径到达目的地。对一些顽固不化、不懂变通的人，我们常常会说他们"不撞南墙不回头"，"一条路走到底"。这些人可能一开始做事的时候方向就出现了偏差，也可能当初的决定是正确的，但是半路上出现了问题，或者当时的环境出现了变化，自己却依旧死死地坚持，最后走进了死胡同。

我们遇到了走不通的路，为什么还要不知悔改地走下去呢？很多成大事的人的做法就是：如果这条路不适合自己了，就勇敢地改变方式，选一条别的路，宁可前半程的损失自己承担，也不冒全盘皆输的危险。古语说道，"差之毫厘，谬之千里"，很小的偏差就会让你"误入歧途"，何况是走错了路呢？

因此，我们无论做什么，千万不要把自己逼到一个死胡同后还不知调整前进的方向，否则，一来浪费了宝贵的时机，二来越走越偏，离成功越远，自己的信心也就会越少。

一家企业正在招聘一名推销员，因为这家企业很出名，待遇也很好，所以有很多人都来应聘。经过一轮轮的淘汰，最后只剩下三个人。公司老总给他们三个人出的考题是向和尚推销梳子，谁能在规定时间内推销的多就聘用谁。

第一个人去了半天，结果连一把梳子也没能推销出去，沮丧地告诉公司的招聘人员，和尚显然不需要梳头发的梳子。第二个人过了整整一天才回来，推销出去一把梳子，他劝老和尚用这把梳子来梳胡子。第三个人居然推销了一千把梳子，这让所有的人都很诧异，问他是如何做到这些的。他淡淡地说："我劝寺院的主持用这些梳子赠给香客以保佑他们。"这样一来，不仅香客都很满意，还能为寺庙增加香火钱。最终，当然是第三个人被聘用了。

一个以鞋类为主要经营项目的某体育用品公司打算到非洲某国去拓展市场，他们先是派去了销售人员甲去调查，甲到了这个国家走了一圈，就在报告上写道："那里的人平时做什么都不爱穿鞋子，我们的鞋子在那里肯定是没有市场的。"公司老总觉得很奇妙，就派了市场调查人员乙去。乙去后发现这里的人果然是都不穿鞋的，于是大喜过望，立马给老总打电话："那里的人都还没有穿鞋子呢！这是一个多么巨大的鞋子市场啊！"最后该公司毅然到非洲这个国家拓展市场，并迅速取得了成功。

两个故事都很简单，却反映了相同的问题：失败的人都是单一的思维，觉得这条路走不通了，就以为再没有别的路可走了；而那些成功的人则不同，他们也会发现表面的路是不通了，但是会想方设法地另辟蹊径。

司马光不能直接救出掉进水缸里的同伴，就用石头砸坏水缸让水流出来；牙膏公司因为增宽了出口1mm，救活了一个企业；松下公司果断地退出生产电子计算机的队伍，为自己节省了巨额资金……成功本来就没有捷径可言，在走不下去的时候，为什么不转换一下角度，摆脱习惯性思维的困扰呢？走不通的路，就立刻收住脚步，这才是理智、冷静的方法。

牛根生说："要想知道，打个颠倒。不管螺丝怎么设计，正向拧不开的时候，反向必定拧得开。山重水复，此路不通的时候，换换位，换换心，换换向，往往豁然开朗，柳暗花明。"凡事不能一条路走到底，更不能一根筋似的不知回头，此路不通，一定要收住脚，否则不是掉进陷阱就是掉下悬崖。世上本没有一成不变的路，别人都在走康庄大道，总会有堵的时候，这时你就不妨去试一试羊肠小路。

结合自身选择一个目标并为之努力

在精力旺盛的时候，很多人会一味地追求新的目标，也不管它是否适合自己，只要看到新的东西、新的目标就想去试一下。逛商场的时候，总爱东挑挑，西看看，却总也选不好，有时候半天过去了也不见买到什么东西；父母为了培养孩子开始争吵，今天让孩子去学美术，明天想让去学体操，后天又想让孩子学钢琴，结果孩子什么都没学好；看到很多新兴起来的东西就想去体验一把，唯独对自己的职业不上心，导致自己事业无法成功。

法国思想家蒙田曾说："灵魂如果没有确定的目标，它就会丧失自己。"目标过多的话，很容易让自己犯一些很幼稚的错误，何况这些无谓的东西还会浪费你宝贵的时间，实在是得不偿失。

我们每个人的精力都是有限的，所以在追求目标的时候一定要考虑是否适合自己，即使你现在精力十分旺盛，也不要把时间大量浪费在那些对你几乎没有用处的地方。很多时候，一个人不成功就是因为他不会选择目标，所以，你要善于丢弃那些无关的目标，你就容易成功。

纵观很多失意者的例子，我们就会发现他们不是被对手打败，而是因为自己不会选择目标而失败。最不成功的人，就是盲目追求新目标的人，因为这些新的目标会混淆你辨别出哪个才是真正适合你的。其实，人生短短几十载，如果你总因为出现在你眼前的新目标而放慢自己的脚步，那么有多少时间能经得起你来挥霍呢？

　　因此，做一个会选择的人很重要。在新目标出现的时候，我们应该选择最适合的目标，然后把不重要的目标丢弃，目标不要太多，一个足矣。也只有这样，我们才会明确目标而全力以赴，直到走向成功。

　　我们做任何事，明确目标都很重要，大家都知道这一点。然而，在实际行动的过程中，不少人会忘却了目标，背离了轨道。报纸上曾经刊登过这样一幅漫画：某君被一堵墙挡住去路，于是他找来工具，费了很大气力，终于将此墙打开一个缺口。本来以为他可以轻松地走过去了，然而，这个人并未从缺口处走过此墙，而是把拆下的砖石搬到墙的另一边墙根下，费尽气力堆高后，爬上去费劲地翻墙而过。这个颇具讽刺性的例子就说明了这个道理：本来自己有了明确目标，可当遇到新的目标（砖石怎么处理？）后就去追逐，结果让自己费力不讨好。

　　也许大家都听过苏格拉底著名的"麦穗论"。一天，他带领几个弟子来到一块麦地边。那正是成熟的季节，地里满是沉甸甸的麦穗。苏格拉底对弟子说："你们每人去麦地里摘一个最大的麦穗。但是有一个要求，就是只许进不许退。我在麦地的尽头等你们。"

　　弟子们都听懂了老师的要求，就陆续走进了麦地。等他们进去一看才发现，地里到处都是大麦穗，哪一个才是最大的呢？弟子们埋头向前走。看看这一株，摇了摇头；看看那一株，又摇了摇头。他们都以为最大的麦穗还在前面，所以都在左顾右盼。虽然也有一些人试着摘了几穗，但自己并不满意，便随手扔掉了。他们觉得前面肯定还有更多更大的麦穗等着自己的挑选，选择的机会还很多，完全没有必要过早地定夺。

　　弟子们一边低头向前走，一边用心地挑挑拣拣，就这样，过了很长时间。突然，大家听到苏格拉底苍老的、如同洪钟一般的声音："不用再找了，你们已经到头了。"这时候，两手空空的弟子们才如梦方醒。

　　苏格拉底对弟子们说："这块麦地里肯定有一穗是最大的，但你们未必能够幸运地碰见它。即使碰上了，也未必能做出准确的判断。因此，最大的一穗就是你们刚刚摘下的。"

从苏格拉底的话中，我们能悟出这样一个道理:人的一生仿佛也在麦地里行走，麦穗就好比一些目标，你喜欢这个，也喜欢那个，但是又好像都不怎么喜欢。这样一来二去，浪费自己的时间不说，还丢失了很多本来自己能够抓住的目标。目标不是越多越好，而是越适合越好，所以不要过多去关注那些无关的目标。世上的事没有最好，只有相对而言的更好。你能选择出你所喜欢的，你能做到的目标才是你的成功。因此，扔掉你身上过多的目标，找准最适合你的那个，坚持去执行，这样选择对你而言才会是快乐而不是痛苦的。

新东方教育集团董事长俞敏洪说过这么一番话："人生的奋斗目标不要太大，认准了一件事情，就投入兴趣与热情坚持去做。但是光有奋斗精神是不够的，还需要仔细分析自己的现状，分析自己现在处于什么位置，到底具备什么样的能力，这也是一种科学精神。你给自己定了目标，还要知道怎么样去一步一步地实现这个目标。从这个层面上讲，人生的目标也不要太多，否则会让自己疲惫不堪。"

我们在追求目标的时候一定要把握好尺度，切勿贪多贪大，即使你手头的选择很多，也不要待在原地浪费时间。因为你有了清晰的目标，并且每天为之努力，也不能保证一定能够成功，更不用说你抱着那么多的目标而无法选择了。所以，理智的人都会给自己设定一个可望可及的目标，把那些阻碍自己快速前进的目标都统统扔到垃圾桶里。

适时地装装糊涂

一个人有很高的智商和情商是一件好事，但是这好事可能转眼就变成了坏事。很多人就在做人做事的时候太过外露，根本不知道适时藏巧于拙。

自己的能力在同事们最强，功劳也属你大，就开始飘飘然地轻狂，不知所以；有些很本分、待人真诚的人却因为不注意自己周围环境的变化，总是吃亏；领导准备提拔一个干部，要求民主选举，别人都知道是走走形式、装装糊涂，而你却不会藏住锋芒；单位里表现得过于精明，没有大度气量，常常被小事所左右。不会藏巧于拙的人在优胜劣汰的社会里肯定会到处碰壁，积累不了自己的人脉，也难以取得自己想要的成功。

在这个竞争激烈的时代，许多人自恃刚强，争强好胜，处心积虑地想出人头地，虽然他们有能力、有才华，但是结果却往往事与愿违，常常好心做成坏事或者让自己无故地惹上很多麻烦。这到底是为什么呢？其实，他们失败的一个很重要的原因就是不会藏巧于拙，更不懂得藏巧于拙。

人的一辈子总会遭遇许多事情，在经历的诸事中，有时候你必须要清醒，而有时候则必须要学会装糊涂。本来我们周围的环境就复杂多变，很多时候，好与坏就在不自觉中转变了，这样一来，你必须要冷静、理智地面对自己和周围的环境。这就要求我们要学会藏巧于拙。纵观历史上的成功人物，往往都善于藏巧于拙，遇事不争，以无为原则处世。他们能够功成名就，就在于他们懂得立身处世中的"敛势"之道——"性有藏巧，可以伏藏"。

俗话说："明枪易躲，暗箭难防。"人生就好比战场，只有智者才能胜出，你不害人，但也要预防小人害你。一个人想要成功，品质最为关键，这就要求我们为人要低调，因为善于藏巧于拙也是智慧，只有这样你才可在自己周围保持健康的空气，形成一个良好的人际生态环境。

郑板桥曾经为自己的"难得糊涂"做出这样的注解："聪明难，糊涂难，由聪明而转入糊涂更难，放一着，退一步，当下心安，非图后来福报也。"糊涂就是善于藏巧于拙，大度有气量，不为小事所左右；清醒就是知道事情的轻重得失，从而把握住事物发展的方向，该争取的要做百倍的努力，该放弃的可以淡泊于心。

唐初的重臣李勣，本是李密的部下。他在当兵的时候，李密与李渊父子之间是敌对的两部，李密后来被王世充打败，他才随故主投于李渊父子的麾下。

此时天下大势已趋明朗，李勣懂得只有取得李渊父子的绝对信任才有前途，于是他安排了这样的行动：把他"东至于海，南至於江，西至汝州，北至魏郡"的所据郡县地理人口图派人送到关中，当着李渊的面献给李密，说："既然李密已决心投降，把我所据有的土地人口就应随主人归降，由主人献出去，否则自献就是自己为己功、以邀富贵而属'利主之败'的不道德行为。"

李渊在一旁听了，十分感慨，认为李勣能如此尽忠故主，必是一个忠臣。李勣归唐后，很快得到了李渊的重用。但是李密降唐后心怀怨望，不久竟又反唐，事未成而"伏诛"。按理说，一般的人到了这个时候，避嫌犹恐不及，但李勣却公然上书，奏请由他去收复李密——因为只有"公然"，才更添他的"高风亮节"，假设偷偷摸摸，则可能会有相反的效果——"服衰经，与旧时吏将士李密与黎山之南，坟高七尺，释服散。"

其实，这明显就是做给大唐朝廷看的，李密已死，知道什么呢？表面看这似乎有碍于唐天子的面子，是李勣的一种愚忠，实际上李勣早已料到这一举动将收到以前献土地人口同样的效果。果然，"朝野义之"公推他是仁至义尽的君子。从此李勣更得到朝廷推重，恩及三世。

李勋的做法迎合了人们一般不信任直接对己的甜言蜜语，而去相信一个人与他人相处时表现出来的品质，尤其是迎合了人们一般普遍喜爱那种脱离于常人最易表现的忘恩负义、趋吉避凶、奸诈易变的人性弱点而表现出来的具有大丈夫气概的认同心理，看似直中之直，实则大有深意。

因此，清醒时要善于观察世事的变化，但不可太沉迷于世事，干扰寂静之心；清醒时还要善装糊涂，对大事明白清楚，对无足轻重的小事则要大智若愚，这才是能使生活变得轻松的一种态度。

"鹰立如睡，虎行似病。"很多时候你要学会聪明不漏，才华不逞。胸有大志的人，要达到自己的目的，不会机巧权变，尤其是当你所处的环境并不尽如人意时，更要懂得藏巧显拙。

明代文学家陈继儒在《小窗幽记》中写道："寂而常惺，寂寂之境不扰；惺而常寂，惺惺之念不驰。"这句话的意思就是：寂静时要保持清醒，就能让自己的心境不被干扰；清醒的时候要保持寂静，但心念不能驰骋得远而收不住。

人生在世，该争取之处要做百倍的努力，该放弃处也要舍得松手。有时要糊涂，善于藏巧露拙，适时糊涂是内方外圆的为人处世之道，也是职场人士获得成功的一个重要因素。

calmness

第四章
学会与自己对话，
你会更有力量

　　任何时候都不要指望别人都照你的想法做，有些人你是改变不了的，有些事你是无能为力的。你只能学会适应环境，因为环境永远不会来适应你，即使这是一个非常痛苦的过程。

改变自己，不做格格不入之人

甘地曾说："如果要改变世界，先要改变我自己。"很多人因为自己不成功，或者受到一些挫折，就抱怨自己周围的环境如何差，如何影响了自己，但是他们从来不会反思一下是否是自己出了问题。

刚走上工作岗位的新人，过于清高，看不惯单位中的一些尔虞我诈，就想凭借自己的一腔热血去改变；自己无论在工作中还是生活中，总是有数不完的倒霉事，于是开始抱怨命运的不公；总是认为公司苛刻的规则让你无法发挥自身的潜力，结果总是跳槽，反而学不到真正的本事；天天抱怨你尖酸刻薄的老板如何剥削自己，要不是合同在身，早一跺脚闪人了……

不去改变自己，就只能在现实中撞得头破血流。那些原则性太强、改变不了环境也改变不了自己的人，只会把自己推向一个窘境，无法适应竞争的社会，终究会被这个无情的社会所淘汰。很多人总觉得自己与这个社会格格不入，要么感叹自己生不逢时，整天过着苦闷的生活，要么就是想凭借自己的力量去改变周围的环境，结果往往事与愿违，最后落得满身伤疤。其实，我们在工作与生活的历程中，会遇到无数大大小小的事，也会遇到形形色色的人，这就难免会面对一些不尽如人意甚至是不合逻辑的人和事。这个时候，你是试图通过自己的努力去改变他们，还是聪明、理智地把自己改变一些，以便更好地融入他们呢？

生物学家达尔文说过："适者生存。"谁能更快地适应自己周围的环境，谁就能更容易在社会上立足并生存，这就是现实，生活在现实社会上的你不得不面对的现实。面对这个强大但你不喜欢的环境，你的反抗很可能是徒劳的。因此，任何时候都不要指望别人都照你的想法做，有些人你是改变不了的，有些事你是无能为力的。你只能学会适应环境，因为环境永远不会来适应你，即使这是一个非常痛苦的过程。

一位年轻人总觉得自己与社会格格不入，周围的环境太束缚自己，使得自己整天过着苦闷的生活。

这天，他决定去他大学期间很尊敬的一位教授家寻求帮助。年轻人见到教授后就开始不停地抱怨："为什么我老觉得自己与社会格格不入呢？我想成功，可是外界的干扰也太多了，我一点儿都不喜欢这个糟透的环境。"教授想了一下，说："你还没吃饭吧，那你来厨房给我打下手吧。这个问题一会儿再说。"年轻人虽然满脸疑惑，但还是跟着教授到了厨房。

教授拿出一根胡萝卜和一个鸡蛋，接着往锅内倒入一些冷水，再放入胡萝卜和鸡蛋，然后打开燃气开关烧水。过了约10分钟，教授把胡萝卜和鸡蛋捞出来，分别放入两个碗内，转身问年轻人："你摸摸它们，看有没有什么不同之处？"

"胡萝卜煮熟了，鸡蛋也煮熟了。"年轻人摸后不解地问道，"这有什么特殊的意义吗？"

教授笑了笑，说："胡萝卜和鸡蛋放到锅内后，它们都会面临同样的环境——开水，但它们的反应却各不相同。胡萝卜入锅前是强壮的、结实的，但经过开水煮后，它就变软了。而鸡蛋入锅前是易碎的，薄薄的外壳保护着蛋清和蛋黄，但经过开水煮后，蛋清和蛋黄就变硬了。"教授接着说，"面对同一环境，都是它们不可改变的，但是鸡蛋却能够改变自己，融入并适应这个环境，从而让自己变得更加强大。而胡萝卜遇到开水就软下去了。这就是你要的答案，明白了吗？"

年轻人高兴地说："教授，我懂了，虽然改变不了环境，但是我可以改变自己呀。当我融入环境中，就能够减少环境对我的影响了。"

很多成功的企业家都很崇尚这句话："虽然改变不了环境，但你可以改变自己。"人生在世，很多事情都是我们无法改变的，一个人的人生道路往往不是自己所能决定的。在许多情况下，我们不可能改变残酷的现实，唯一可行的选择是改变自己。改变自己的思维方式，改变自己看问题的角度，从而改变自己的行为模式，以适应目前所处的环境，让生命在有限的时空中得以延续。这就好比一块有棱有角的石头，从山坡滚下去势必"头破血流"，但如果是圆滑的鹅卵石，就顺利轻松多了。

既然不能改变社会，既然不能改变他人，那我们所能够做的就是改变自己，改变自己对社会的态度，改变自己对他人的看法，改变自己的世界观、人生观，去适应这个变化万千的社会，适应形形色色的人，适应这个我们无力改变的环境。

维浩·尼布尔在《宁静祷文》中说道："赐我宁静，去接受我无法改变的事；赐我勇气，去改变我能改变的；赐我智慧，去判断两者的区别。"任何事情都有一定的规律性，所以不可能所有的事情都按照你的意愿去发展。因此，聪明人就要学会改变自己能改变的，适应自己无法改变的。要到达一个目标，直接走如果行不通的话，不妨绕个弯子迂回一下。

勇敢承认相当于改正错误的一半

在生活中，有很多人说错了话、做错了事却死扛着，坚决不道歉，他们觉得向别人道歉会被别人瞧不起，丢自己的面子。错了却不肯道歉的人是极其愚蠢，甚至还有些人以犯错但是不道歉为荣。在公车上不小心踩了别人一脚，心想"踩就踩吧，我又不是故意的"，拒绝道歉；虽然期限到了，可为客户制作的方案还没有完成，怕担责任，拒绝道歉；因为张三的过失，却无缘无故把李四批评了一顿，等发觉后，怕失去威信，还是拒绝道歉。

殊不知，犯错了却不道歉，得不到别人的原谅暂且不说，自己也不会吸取教训，以后还会犯类似的错误，最后错误越来越多，自己都没有办法弥补。

我们这周围经常可以听到"我迟到，因为堵车""策划我没做完，电脑出问题了"等等，即使真是我们错了，"对不起"也根本不会从自己嘴里说出来。从小，我们就被家长和老师要求"知错能改"，但越长大对承认错误却越生疏。如果因为你的过失，让别人受到损失或者蒙受不幸，你就应该及时地把"对不起"说出口。如果你不承认自己的过失，好像别人因为你受到了损失是咎由自取的话，那么别人肯定也不会原谅你了。

在工作、生活、学习中，我们可能会经常犯错，然而，面对同事和朋友，你拉不下脸面；面对下属，你怕失去威信；面对客户，你又怕承担风险……正是在这些害怕、担心中我们越来越远离了"对不起"，丧失了自己的勇气，也迷失了自己，还把自己的错误掩埋起来。

其实，每个人都有犯错误的可能，关键在于你认错的态度，只要你坦率地承担责任，并尽力去想办法补救，你仍然可以立于不败之地。

陈光是一家建筑公司的工程估价部主任，专门估算各项工程所需的价款。有一次，他刚估价了一个新建楼盘，结算时却被核算员发现多估算了两万元。老板便把他找来，指出他算错的地方，让他拿回去更正，并希望他以后在工作中细心一点。没想到，陈光不但不肯认错，也不愿接受批评，反而大发雷霆。他责怪那个核算员没有权力复核他的估算，更没有权力越级报告。

老板见他既不肯接受批评，又认识不到自己的错误，本想责怪他一番，但因念他平时工作成绩不错，便和蔼地对他说："这次就算了，以后一定要注意这个问题。"

隔了一段时后，陈光又有一个估算项目被查出错误，而恰好又是上次的那个核算员检查出来的。这次他又像上次那样态度恶劣得很，并且还说是那名核算员有意跟他过不去，故意找他的岔子。于是，他让老板允许他请别的专家重新核算。等核算完毕后，他才发现自己确实错了。但是依然没有向老板道歉，更不用说对那个核算员道歉了。

这时，老板已经忍无可忍了，说："你现在就另谋高就吧。我不能让一个永远都不知承认自己错误的人来损害公司的利益。"

其实，犯了错就是错了。认错并不会让你丢掉面子，相反，还会让你从错误中学习到一些知识，避免以后再犯相同的错误。很多小事情，都是因为一个"对不起"没有及时说出口，结果越闹越大，不可收拾，一些祸端不正是因为犯错后却死不认错造成的吗！学会道歉和检讨自己是一种美德，即使是当时不能马上道歉，日后也一定要寻找机会承认自己的错误。工作中，最大的失败，就是明知自己错了却不肯承认错误。如果你认识不到这一点，那你只能在失败的泥潭里越陷越深。

俗话说："人非圣贤，孰能无过？"虽然你可以为自己的错误找到很多貌似合理的借口，但是没有任何一种借口能抹杀错误的存在。所以，在工作中或是与人交往中自己做错了事，一定要放下面子，及早认错，不要搬出理由试图为自己解脱，否则会让自己在错误的泥淖里越陷越深，不可自拔。做错事了，先说句"对不起"，让别人占个上风，别人舒心，自己也省心，何乐而不为呢？

学会道歉，既可弥补破裂的关系，也能减少对方的怒气，何况这并不需要你有多大的学问。因此，千万不要小看了"对不起"这三个字的力量，虽然看着简单，却是与人相处必不可少的工具。

松下幸之助说："偶尔犯了错误无可厚非，但从处理错误的做法中，我们可以看清楚一个人。"犯错并不可怕，可怕的是不能或不敢正视错误。上司所欣赏的是那些能够正确认识自己错误并及时补救的员工，所以，有了错误，怨人不如责己，勇敢说出"对不起"吧！

上天不能掌控命运，只有你自己才可以

　　很多人都相信自己的命运是天注定的，自己无法去改变，这样一来，当他们陷入逆境的时候就没有了奋斗的勇气。有人想抓住难得的机会去独自创业，但是家人都说他没有什么经商头脑，让他进退两难；自己身体有了缺陷，就开始自我否定，不积极进取；新人走上社会后，发现自己所掌握的知识和社会所需要的相去甚远，便自暴自弃，怀疑自己命该如此……相信命运的人只能接受命运的摆布和支配，而没有反抗之力，成功只会离自己越来越远，自己也只能忍受困境的煎熬。

　　我们往往把失败归罪于客观世界或者是自己的命运。在思考为何失败这个问题的时候，许多人得到的结论几乎相同：自己的条件有限！因为条件限制，许多人就这样认定自己难以改变命运。他们内心的消极情绪占了上风，自己也无奈地选择了失败的宿命。

　　纵观历史上众多的成功者，你也会发现，许多人开始时甚至比你起步的条件更糟，但他们却成功了，原因就是他们有成功的愿望，不服从自己命运的安排。林肯说过："一个人决定实现某种幸福，他就一定会得到这种幸福。"很多时候，并不是逆境阻拦了我们前进的脚步，而是我们自己阻拦了自己，造成今日的失败。那些相信命运的人，只是为自己匿迹解脱的理由。想想看吧，软弱拦住了你的脚步，自卑拦住了你的思维，自欺拦住了你想象的空间。你把自己用围墙围起来，却说是命运障碍阻拦自己走向成功，那能怪得了谁呢？

因此，即使身处逆境当中，你也不必陷入其中不能自拔，因为逆境是有范围的，它不会像幽灵一样如影相随，只要你能在逆境中不懈努力，就一定能突围而出。

挫折是一种逆境。我们谁都会遇到挫折，遇到了之后，你是悲观失意，接受命运的安排，还是鼓起勇气，坚持奋斗呢？贫穷也是一种逆境。对于一些人来说，它是一座监牢，会成为你发展的障碍；而对另一部分人来说，贫穷却不能阻碍他们，他们会主动去寻找出路，最终走向成功，因为他们相信自己的命运可以通过努力而改变。因此，你只有不被自己的命运所压倒，才能最大可能地发挥自己的潜力，变成自己命运的主宰者而不是参与者。

迈克出生的时候因为一场事故而导致大脑神经系统紊乱，这种紊乱影响了他的日常生活。等迈克长大后，人们都认为他在智力上肯定也有缺陷和障碍，因此政府福利机构将他定为"不适合雇佣的人"，好多企业也都不愿意收留他。

但是迈克的妈妈从来没有把儿子看成是"残疾人"，她一次次对迈克说："你能行，一定要面对生活，做生活的强者，不要被命运阻拦前进的脚步。"

妈妈的鼓励让迈克决心打败残酷的命运，开始走向自立。他选择了推销的工作，可是他向几家公司递交了工作申请，却都被拒绝了。但是迈克并没有气馁，他凭着自己的信念坚持了下来，并发誓一定要找到工作。最后在他的坚持下，怀特金斯公司抱着怀疑的态度，很不情愿地接受了他，不过他必须接受一些冷门地区的业务。

第一次上门推销，迈克在门前反复犹豫了三次，才鼓起勇气敲开了门。可主人对他推销的产品并不感兴趣，接着是第二家、第三家……即使顾客对推销的产品不感兴趣，迈克也不灰心丧气，而是继续一遍遍地去敲开其他人的家门，直到找到对产品感兴趣的顾客。

每次在上班的路上，迈克都会在鞋摊前停下来，让别人帮他系鞋带，因为他的手不够灵活；在一家酒店门前请宾馆的服务员帮他扣好衬衫的扣子，使自己看上去仪容更加整洁。无论刮风下雨，迈克都要背着重达10公斤的样品包四处奔波。这样过了三个月，迈克几乎敲遍了这个地区所有人家的家门。他做出的第一笔交易，还是客户为他签的单子，因为他的手发抖握不住笔。

就这样，一年年过去了，迈克负责的地区销售额渐渐增加。24年后，他已经敲了上百万次的门，并最终成为怀特金斯公司在美国西部地区销售额最高的推销员。

从这个故事我们可以看出，身处逆境并不可怕，可怕的是你相信命运是上天控制的而不是由你自己掌握。无论在生活中还是工作上，我们都会遇到挫折和失败，但是我们千万不要甘于屈服命运，而是要努力追求自立的精神，主动积极地去奋斗才会打破逆境的壁垒。

英国浪漫主义诗人威廉·布莱克说过："命运并非机遇，而是一种选择，我们不应该去期待命运的安排，而是必须通过自己的努力创造命运。逆境更要努力，也唯有这样，才会有奇迹出现。"的确，命运不会使我们幸福或者不幸，它仅仅是提供一些材料和种子而已，你有权利选择生活、事业前进的方向，所以，不要太相信命运了，那样只会让你无法成功。

与其逃避退让，不如奋力一搏

"逃避在心灵上是仓皇的，是意志的沉沦和对信念的背叛。"社会是激烈而又残酷的，很多人在遇到了困难后不是选择勇敢去面对，而是躲到自己心灵修建的一个"庇护所"里，害怕面对现实。当困难来临时，无奈地守着难题哀伤，不去寻找自己重新振作的机会；管理者逐渐放弃自己的判断，而乐于听取有经验的专家的意见，逃避他们不愿意触及的现实问题；求职失败了或是评选职称落选了，不去想着怎么改变自己，而是整日唉声叹气，借酒浇愁……冷静地想一想，与其浪费时间逃避，为什么不理智地去面对呢？你要知道，逃避者永远不会成功，职场上你会永不得志，生意中会越做越败，最后连生活的勇气都丧失殆尽。

俗话说："躲过初一，逃不过十五。"逃避从来就不是人生、事业成功的方法，只会是成功的大敌。如果你一遇到困难就开始逃避，要么自己一生碌碌无为，理想无法实现；要么一蹶不振，越逃避就越恐惧，最终会离成功的轨道越来越偏。生意对手咄咄逼人的态势，职场就业压力越来越大的苦恼，家庭遭遇重大灾难后的彷徨失措等等，这些都会极度地考验着你。

很多人一遇到困难就会觉得沮丧，进而对自己的能力产生怀疑，最终选择逃避，他们觉得自己在能力之外的范围内难以有出色发挥。其实，他们被自己的畏惧给欺骗了，畏惧会夸大不足，让他们觉得，要取得成功就必须具备某些原本不具备的素质，总想着"如果我不能胜任我的工作，结果将会怎样？""如果不受欢迎怎么办？"这些问题会变得越来越突出。

听听松下电器的创始人松下幸之助是怎么说逃避的吧。他说："我们不论处在任何状况，都要有发现光明之路的能力，有视祸为福的坚毅决心。逃避只会让你越来越懦弱。"事业成功的人也会遇到各种不如意，但在这时候，他们并不是要逃避，相反，他们会积极地面对难题，设法让自己的才能得以完全发挥，这就是他们不同于其他人的关键所在。

有一个八岁的小女孩要去教士家学习，可是每当她走到教士家门口时，院子里便会有一只凶猛的大鹅朝她扑来，有几次还追着她跑出老远。小女孩一次次吓得号啕大哭，回家后说什么都不要再去教士家了。

她的母亲千方百计地劝她，但小女孩说如果没有人陪着她，她是不会去的。女孩的父亲找到比她还小两岁的小儿子，然后给了他一根长棍，对他说："希望你的胆子比你姐姐要大。"然后告诉他，"如果鹅向你扑来，尽管走上去用棍子狠狠地敲它，它就不会咬你了"。

小男孩就跟着姐姐来到了教士家，当进了院子，那只凶横的大鹅高高地伸着颈项，朝他们冲了过来。小男孩的姐姐尖叫着转身就跑，小男孩也有些胆怯，想跟着姐姐跑，但他还是想起了爸爸的话，于是拿起棍子一顿乱敲。鹅终于害怕了，大叫着回到了鹅群。

这个小男孩后来成为了德国著名的电器发明家，他叫西门子。他在70年多年后的《西门子自传》中说："童年的一点启示让我终生受用，不知不觉给了我无数次鼓励：遇到危险的时候不要回避，大胆迎上去，勇敢地面对并且奋力反抗和回击。"

1796年，贝多芬凭着他创作的交响曲赢得了整个维也纳贵族及平民阶层的认可，他才华横溢，然而却不幸患上了当时无法治愈的神经性耳聋症，当时他才27岁。

耳朵对音乐家来说有多重要不必多言，他竭力寻医挽救，可是毫无效果，病情日趋恶化。没有耳朵，贝多芬还怎么倾听美妙的音乐？他的音乐生涯仿佛就要到此结束了。但贝多芬并未就此被摧毁，他开始自己烧水做饭，自己动手收拾杂乱不堪的居室。

贝多芬曾在日记中写道："你啊，可怜的贝多芬！世界不再给你任何幸福。你必须把所有的工作，从自己的内部创造出来。你只有在音乐中，去发现你的快乐。"之后，他凭借不屈不挠的精神创作出了《热情奏鸣曲》《合唱交响曲》《命运交响曲》等家喻户晓的名作。

无论做人还是做事，困难面前永远不要选择逃避，与其意志消沉、不求进取，倒不如冷静下来，理智地做你该你做的事。如果你选择逃避，即使不被淘汰，最多也只能在原地踏步。只有在纷乱中理性地理出思路，冷静面对，才会取得成功。

福楼拜曾说过："对不幸的命运越是抱怨，越是觉得痛苦，越是想逃避，越是觉得恐惧。倒不如去面对它、迎战它、克服它，使一切痛苦低头称臣，使灿烂的花朵盛开在艰苦耕耘过的土地上。"逃避只会让痛苦压得你越来越低，最后连一点希望都消失殆尽了，患难困苦，才是磨炼人格最高的学校，才能看出一个人是否理智冷静。理性面对最起码会有50%的成功率而，一旦逃避，一定不会成功。

不被别人所左右，冷静思考自我决断

　　生活在浮躁的社会里，难免会听到别人的风言风语，指指点点，尤其是即将踏入成功的大门时，那一步如何才能迈出去，总是使我们备受困扰。面对众人的意见我们会觉得不知所措，到底是静下心来去静思，还是盲目接受别人的干扰呢？

　　如果你没有一个良好的心态，缺乏一份豁达淡然的大智，遇事不会静下心来仔细思考，那你离成功只会越来越远。旁人一旦对你指手画脚，你就六神无主，处理事情变得患得患失；遇到外界一点点压力，不经大脑思考，就否定自己本来已经成熟的想法；遭受了挫折，精神压力陡增，失去了理智的判断，做出让自己后悔莫及的事情来。因为富有而骄傲和狂喜，因为个人的失意潦倒而悲伤，不能静心静思，总为外界的事物所干扰，没有恒定淡然而又理智的头脑，你拿什么去成功呢？

　　在他人的众说纷纭之中，我们往往会有趋从心理，他人的看法和评价总会左右我们的思想。要处理一件事情，张三说应该这么做，李四说应该那么做，隔壁的王大妈，看门的李大爷也都出来搅和，这样一来，不仅事情会越来越乱，你的思绪也会变得一团糟。这个时候，你就应该问问自己："我这样做对吗？"你必须有明确的认识和分析，不能像"墙头草"一样摇来摆去。

　　做到内心澄净如水，抛开外界的干扰很不容易，但是你要知道，他们多数只是站在自己的立场上提出建议，最多就是参与者，而你才是真正的决定者。

人不能像无头苍蝇一样撞来撞去，你要选择的是成功的人生，而不是纷乱无序的生活。凡事要靠自己拿主意，并不是一意孤行，孤芳自赏，而是忠于自己，相信自己，要对自己的承诺负责，要敢于承认自己的缺点，更要敢于接受面临的挑战。

一个人在森林漫步的时候，突然遇到了一只饥饿的老虎。他边跑边躲，最后竟被逼到了悬崖边上。他想：与其被咬死，还不如跳崖，说不定还有一线生机。

他跳下去后，非常幸运地卡在了一棵树上，那是长在悬崖边上的梅树，结满了梅子。这个人正在暗自高兴，他听到断崖下传来巨大的吼声。原来是一只狮子抬头看着自己。他胆战心惊，但是转念一想：狮子和老虎没什么区别，被谁吃都一样。

刚刚放下紧张的心，他抬头一看，两只老鼠正用力地咬着梅树的树干。他先是一阵惊慌，然后就比较坦然：老鼠咬断树干最多是摔死，比被老虎或是狮子吃了强。

情绪平复下来后，他看到梅子长得正好，就采了一些吃起来。老虎和狮子还在不断地吼着，巨大的吼声把老鼠也给吓跑了。过了一会儿，饥饿的老虎按捺不住，突然就跳了下来，与崖底的狮子展开了激烈的打斗，双双负伤而离开。

而他顺着树干，小心翼翼地攀上悬崖，脱离了困境。可见，在纷乱的环境中能够静心才能做出正确的判断。

国际象棋大师谢军曾讲过她参加两次大赛的不同经历。1996年在西班牙和匈牙利象棋大师波尔加进行卫冕决战时，波尔加将比赛一拖再拖，使谢军非常心烦，当比赛最终定下来时，她已深感厌战，结果败下阵来。到了1999年的世界冠军争夺战时，虽然波尔加无理取闹，加里亚莫娃又故意拖延比赛，但谢军接受了上次的教训，始终不为其所扰，以静制动，不急不躁，结果这一仗打得非常漂亮。

谢军的经历给我们以启示：静心静思，不为外物所干扰，才能避免无谓的失败。东方的司马迁在他人眼中只不过是一个废人，苟且偷生，但他内心澄净如水，抛开外界的干扰，不朽之作《史记》才能流传千古；西方的苏格拉底拖着矮小笨拙的身躯在雅典城里踽踽独行，但他超越了自我，摒除他人的评价，成为世人仰慕的大哲人。可见，人生之路需要我们自己把握，也唯有自己才能把握。

人生犹如远航，我们要做舵手，自己掌握自己的航向。面对各种各样的抉择和种种外界压力，没有静心静思的心态，没有摒除外界干扰的理智，是无论如何都不能成功的。

诸葛亮在《诫子书》中写道："夫君子之行，静以修身，俭以养德。非淡泊无以明志，非宁静无以致远。"说的就是想有德才兼备的品行，要依靠内心安静，精力集中来修身养性，要是身心没法宁静就不能实现远大的理想。成功的殿堂是理性、宁静的人才能够到达的地方，而"险躁则不能治性"的人，最后只会"悲守穷庐"。

耐住寂寞，静心等待成功的到来

人难免会有陷入低谷的时候，但有的人处于低谷的时候就耐不住寂寞，不能默默等待，肯定最后会一事无成。在困境中，不能守住寂寞的人就会冲动、盲目地行动。看到朋友成功了，自己却还默默无闻，做事开始浮躁，显得急功近利；当自己的工作总达不到预想状态的时候，就会颓唐丧志；当你做一些很有意义的事情却不被别人理解的时候，如坐针毡；诱惑来临的时候，毅然抛去自己的理想，投入名利的怀抱……这些都是不能耐住寂寞的表现。

不能耐住寂寞的人，既不能坚定自己的志向，又不能抓住机遇，只能徘徊在成功的边缘。人生在世，谁都难免遇上寂寞，如果你能不被寂寞伤害，不在寂寞中消沉，学会走出寂寞，把生活调节得有滋有味，那你一定是个理智、冷静的人。但是，因为社会浮躁喧嚣，物欲横流之风让很多人不能耐住寂寞，不能静心来等待。古人说："见微知著，守正待时。"隐忍不发是成大事、立大业人的必经之路，可见，学会耐住寂寞才是走向成功的捷径。

耐住寂寞、等待时机不是消极、懒怠，而是一种忍耐，是对心性的考验。阿里巴巴的创始人马云说过："能耐得住寂寞的人是最容易成功的人。"但凡成功的人往往有理智的头脑、冷静的思维、博大的胸襟和坚强的毅力。他们往往能在时机不成熟的时候选择等待，而不是妄想"一飞冲天"。耐得住寂寞，独守一片乾坤，绝对是一种境界。

做大事的人最要紧的是耐得住寂寞。别人在被鲜花、掌声、荣誉包围的时候，你一定要劝自己"耐住寂寞"，自己应该做的是继续努力，获得比其更大的成功；周围有人每天灯红酒绿地生活，你在孤灯独守，自怜自影，无疑又是一种胜利，因为你所做的带来的是充实感而非难耐的空虚。

金庸先生当年在香港办报时，自己身为报社的大老板，白天忙于公务和应酬，没有时间创作，所以只好在晚上挤出一点时间来写作。他每天晚上竟然能写出多达千字的小说和一些评论，最难能可贵的是这一写就是20多年。在这期间，金庸先生写出了许多令人惊叹的辉煌巨著，很多出名的武侠小说就是在那一点一滴的时间里写就的。其实，这里面最令人振奋的不是金庸的勤奋，也不是他的才华横溢，而是金庸能够"耐得繁华"。试想一下，当时的香港，就是一个灯红酒绿的花花世界，而腰包鼓鼓的金庸竟一点都不受诱惑，对犬马声色更是视而不见，能做到每天晚上专心写作，这不能不说是一个奇迹。

翟志刚成功入选"神舟七号"航天飞行员并且担任飞行指挥的故事更加证明了"耐住寂寞"的重要性。他早在1998年1月就正式成为了我国首批航天员。他经过多年的航天员训练，完成了基础理论、航天环境适应性、专业技术等8大类几十个科目的训练任务，以优异的成绩通过航天员专业技术综合考核。2003年他曾入选我国首次载人航天飞行航天员梯队，虽然最后一刻没有能得到上天的资格，但是他依然没有灰心。2005年6月，他再一次入选"神舟"六号航天载人飞行乘组梯队，但是最后还是没有实现他的航天梦。

十年的"备用"航天员不仅没有让翟志刚萌生退意，反而更加坚定了他的信心。翟志刚耐住了寂寞，一步一个脚印，不为外界的诱惑所动，甚至一年都见不到家人几面，终于在行将退役前完成了自己的梦想，并作为中国第一个出舱行走的人，在航天史册上留下了辉煌的一笔。试想，如果不是他能耐住寂寞，守得孤独，怎么能够以如此的心态平和对待前两次的落选呢？

我们虽然不能像古人那样久居山林来摆脱浮躁世界的束缚，但是我们完全可以做到"身处浮躁社会，心在山林之中"。我们应该把影响自己的诱惑、名利抛远一些，耐得住寂寞，坚定志向，唯有这样，在机会来临的时候，你才能紧紧抓住，发挥出自己的实力。

在没有成功之前，你唯一要做的就是耐心和坚持，没有经过耐得寂寞的"酸楚"，就不会体验到柳暗花明后的"喜悦"。在寂寞中学会等待，学会运用寂寞，而不是选择拒绝寂寞。

洪应明在《菜根谭》里写道："伏久者飞必高，开先者谢独早。知此，可以免蹭蹬之忧，可以消躁急之念。"这句话翻译过来就是：隐伏很久的鸟，一旦飞起来必能飞得很高，一棵开得很早的花，等到凋谢时必然凋谢得快。明白了这个，可以免除怀才不遇的忧虑，也可以消除急于求取功名的念头。记住，在寂寞的时候，放下欲望，守住寂寞，理解寂寞，因为寂寞往往是通向成功的前夜。

帮人即帮己，善因得善果

很多人在事业上可以说是很成功的，但是他们却没有得到别人的尊重和认可，这与他们做人做事的方法欠妥有很大的关系。不会摆平自己的位置，有点成绩就开始端架子、摆调子；不给别人留面子，觉得别人方便了自己就吃亏了……这类人总是透着一股股"酸气"，别人当然会反感。

赠人玫瑰之手，经久犹有余香。人都是有脸面的，如果不会与人方便，往往自己做事也不会方便，很多时候只能是让自己有苦说不出。别人无心说了一句不太公允的玩笑话，你却"死要面子活受罪"，非得争出个对错来；上公交车的时候，不懂得按照秩序，前拥后挤，最后谁都上不去；等电梯的时候，明明看到有人狂奔过来，可你还是按了关门键……且不说你得到了何种好处，这种好处有多大价值，难道你就没想到自己有一天自己也会有可能陷入这种困吗？真正到了那个时候，别人肯定也不会给你方便，想想又何必呢？

在现实中，一些人奔波一生，成就不少，但最后留给自己的还是烦恼一堆。其实，他们输的不是他们的个人能力，也不是他们的行为技巧，而是不懂得做人做事要"与人方便，自己方便"这个浅显的道理。"举手之劳，利人利己"，在帮助别人的同时，我们得到的可能会更多。

有人曾经做过这样一个试验，用一根绳子的两头分别系在一只鸡的左腿和另一只鸡的右腿上，然后放开它们，结果两只鸡一个往右一个往左，谁都不让谁，不仅争得精疲力尽，而且还在原地绕来绕去。相比人类，我们一直自诩是万物之灵，懂得利用鸡的弱点来逮鸡，但是自己却一直犯类似的错误，有些人总认为帮助了别人，自己就要吃亏，这等智商到底是高还是低呢？

罗杰是当地的一个普通公务员，但是他每年都会应邀参加本地最大的杂志的评定工作，虽然报酬不多，但是能被邀请本身就是很高的殊荣。这个评定工作很多人都想参加，但是苦于找不到门路，也有人参加了一两次就再也没机会了！但是罗杰却很幸运，这让很多人都很羡慕。

等他在退休时候，有人问他有什么奥秘，他微笑着向人们揭示了谜底。罗杰说，他的专业眼光并不是每次都能入选的关键，职位同样不是。他之所以每年都能被邀请，是因为他懂得给别人"方便"的重要性。他说，在公开的评审会议上一定要把握一个原则：多称赞而少批评。但是在私下，他会找来杂志的编辑人员，告诉一些工作上的缺点。这样一来，编辑人员在他的巧妙评选下，每个人保住了面子。因此，罗杰受到大家的普遍欢迎，主办方和杂志社都很满意。

我们可以看到，罗杰在公开表扬之后还会巧妙地指出失误，在"明"给了别人方便，在"暗"也让自己方便，使得自己得到很多荣誉。很多年轻人常犯的毛病是，自以为是，不懂得给别人方便，逮到一个机会便大放厥词，滔滔不绝；遇事的时候，只想自己的一点小利，眼里没有别人的存在。殊不知，这种举动给自己前进的道路铺下了层层障碍。

"Give somebody a hand"在英语中可以翻译成"帮助"，直译是"给我一只手"，你在别人需要帮助的时候及时拉一把，不仅感染了对方的心，也温暖了你的手。你开车行驶在路上，看到行人过马路，减速慢行是与人方便；垃圾被丢在路上，捡起来放到垃圾桶里是与人方便；避雨时看到别人被淋雨了，适当地递上自己的伞也是与人方便……其实束缚我们的有时候并不是客观因素，而是我们那颗肯不肯与人方便的心。

央视的公益广告《心在一起》中提到："我们在寻找一个眼神，让微笑像空气一样；我们在寻找一种单纯，然后让感动像音符一样；我们在寻找一种温暖，然后让幸福像孩子一样。"其实人生也是一样，我们在寻找一份"与人方便，自己方便"的心，这样才会得到更多。

香港著名企业家李嘉诚先生说过："没有怜悯心的强者，不外是个庸俗匹夫。我们大家一起同心协力，不要犹豫，拿出我们豪迈的精神和勇气，让我们选择积极帮助有需要的人重塑命运。"我们无论是辉煌还是落魄，都不能忘记伸出自己的援助之手，与人方便不仅利人，还会利己，因为种下善因，总会结出善果。

calmness

第五章

妥当说话办事，闯出自己的一片天

无论身处什么职位，无论你自己做出了多大的成就，永远不要自己独享利益，那是眼光狭隘者所做的事，也是做人失败的表现，应该把自己美好的东西拿出来与别人一起分享。

适当听取别人的意见，做出最正确的选择

我们都知道：正如一枚硬币一样，凡事有正反两个方面。这个道理谁都懂，但是真正到了现实生活中，很多人遇到具体的问题，可就不是黑白分明、正反清楚那么简单了，许多事情往往是"公说公有理，婆说婆有理"。

职场往往被比作战场，这是因为职场是最考验人的地方，没有冷静的头脑，缺乏理智的思考，结果不是草率行事就是"朝令夕改"。公司要进行投资，不问青红皂白，自己拍板了事，连听取下属意见的环节都省去了；部门开会讨论发展方案，本来自己有很好的想法，一看大家都不表态，自己也默不作声；面对新的业务，一会儿是保守派，一会儿是开放派，没有自己的主心骨。

在企业发展中，经常会有这样的情况出现：新的意见和想法一经提出，必定会有反对者，有对拓新持怀疑态度的人，有对新措施不甚了解的人，也有一种专门为了反对而反对的人。面对这些人，领导者要认清哪些意见是客观的，哪些意见是空话、套话。

作为领导者，认真征求大家的意见，虚心听取众人的议论，确实可以做到"兼听则明，偏听则暗"。但是，这一切的工作，诸如广泛收集意见、建议，认真分析、研究等等，都应该在决策之前进行完毕，然后综合方方面面的意见，根据千变万化的具体情况进行科学决策，而一旦决策确定，就要坚定不移地相信自己。

林肯在就任美国总统后不久，一次将他的几个幕僚召集到一起开会。会上，林肯提出了一个重要法案，但是几个幕僚的看法并不一致，于是他们就开始激烈的争论，但最后依然谁都没说服谁。

林肯在仔细听取他们的意见之后，仍然认为自己的决定是正确的。在最后决策的时候，他们几个还是反对林肯的意见，没想到林肯却固执地说："虽然只有我一个人赞成，但是我仍然要宣布，这个法案通过了。"这个举动让幕僚震惊不已。

从表面上看，林肯这种忽视多数人意见的做法似乎太过于独断专行。其实，他在做出这个决定之前早已经了解到了其他人的看法并对这项法案进行了充分的考虑，最后认定没有失误。而一些反对的人，他们几乎不考虑任何新事物，把反对当成了维护传统和习惯的庇护神，这种情况下，林肯当然要力排众议，坚持自己的正确意见了。

林肯提出的法案就是要解放奴隶，而事实证明他是正确的。1863年，美国政府颁布《解放黑奴宣言》，废除叛乱各州的奴隶制，解放的黑奴都应召参加联邦军队，这从根本上瓦解了叛军的战斗力，也使北方的军队得到了雄厚的兵源，最终取得了南北战争的胜利。

职场中，没有捷径，自己认准方向后要不为外界所动，除非发生自然或者人为不可逆转的事情，一般不能轻易地改变决策。

我们做事情，要不为舆论所扰，认定方向走下去，才会闯出一条路，有所建树。否则，如果人云亦云，别人稍一议论，略加评说，自己耳朵根子先软了，思想便动摇了，行动也就不那么坚定，患得患失，缩手缩脚了，结果只能善始，不会善终。

俗话说："常问路的人不会迷失方向。"没吃过"定心丸"没有关系，但你一定要不专横，不人云亦云。对于不和谐的动作，只要于大局无碍，放过就是。

美国前总统哈里·杜鲁门曾经告诫政府人员说："我们大家都必须认识到，不管我们的力量多大，我们都不能容忍自己随心所欲，为所欲为，多点共同协商，少些独断专行是有好处的。但是也不能敷衍了事，人云亦云。"不要独断、专行，也不去人云亦云，这就要求你能够把握分寸，平时要多注意分析形势，在关键的时刻一定要坚定自己的信念、坚信自己的判断。

遮蔽锋芒不去炫耀才能更好生存

社会充满了竞争，每个场合的竞争都有自己的法则，没人甘愿成为一个弱者。职场竞争大概是我们所有社会人都必须要经历的。可是，你懂得在职场中做人做事的规则吗？

三国时期文学家李康说："木秀于林，风必摧之；堆出于岸，流必湍之。"初入职场的菜鸟往往爱表现，想得到重视，但有时候总是适得其反，因为他们忽略了枪打出头鸟的告诫。一开会，便自顾自地说个不停，过于表现自己，结果成为同事攻击的对象；功高盖主，过分自大，对领导的反应视而不见；看不起周围的同事，不屑与他们共事，最后只会让自己势单力薄。

这些都是职场的大忌，要么自己被人排挤，就算水平再高也会被周围的人压得碌碌无为；要么直接被老板炒了鱿鱼，到哪儿都不顺。这样的人，能在职场上混得开吗？

俗话说：人往高处走，水往低处流。职场中的你想出人头地，有所成就，这无疑是一种积极的心态和表现，是值得肯定的。但是即使你很优秀，也必须学会适应周围的环境，想方设法促进职场和谐，切不可清高自傲，一意孤行。

职场是一个团队，有人时刻想冒出来，急于出头，这本来没有什么。可一旦你的过分出头牵扯到了周围人的利益，而急于出头的人又很多，你就会成为"众矢之的"，一些嫉妒、不服、讥讽或者从中给你作梗的人便会由此而生。如果你不能冷静地俯下身子想一想，不能理智地处理办公室危机，只会让自己蒙受损失。

时刻记住，职场中你不要妨碍别人出头冒尖，也勿让自己成为别人射击的靶子，学会一点点职场策略，在残酷无情中保持理智和冷静，才能让自己在职场中如鱼得水。

唐朝大将郭子仪戎马一生，屡建奇功，他忠勇爱国，宽厚待人，但从不居功自傲，因此在朝中有极高的威望。他能做到这样就是得益于他做事理智、做人冷静。

李光弼和郭子仪同为唐朝著名将领，他们曾经同在朔方镇当将军。可是两个人的关系并不太好，互不服气。安史之乱爆发后，唐玄宗任命郭子仪任朔方节度使，位居李光弼之上。李光弼怕郭子仪刁难他，曾想调到别的地方镇去。这时朝廷要郭子仪挑选一位得力的大将去平定河北，郭子仪出以公心，推荐了李光弼。李光弼却以为郭子仪是借刀杀人，让他去送死。可是朝廷成命又不能不服从，临行前对郭子仪说："我赴死心甘，只求你不要再加害我的妻子儿女，好吗？"郭子仪听到他冤枉自己的话后，流着热泪对他说："现在国难当头，我器重将军，才点你的将，愿与你共赴疆场讨伐叛贼，哪里还记着什么私怨呢？"李光弼听了非常感动，两人手扶手相对跪拜，前嫌尽释。

郭子仪心里明白，不阻止别人出头，自己才能明哲保身。他懂得自己的功劳越大，麻烦也越大，功高盖主并不是一件好事。他也知道即使代宗的女儿嫁入了郭家，代宗对自己还是会有顾忌。所以他处处小心行事，从不用自己的战场功劳来压人办事。每次代宗要给他加官晋爵，他都要推辞，除非是迫不得已的情况。有一次，代宗又要封他为"尚书令"，他死活不接受，推脱自己不敢接受如此重赏，说："以前太宗皇帝曾经担任过这个职务，后来的皇帝为了表示对先皇的尊敬，也都没有封赏，皇上不能为我乱了规矩。"代宗只好作罢。

郭子仪不接受重赏，正是他高明的地方。他担心自己过于位高权重会成为小人们流言蜚语的侵袭对象，万一哪天代宗听信了谗言，拿自己开刀，再怎么解释都晚了。所以，郭子仪不仅得以儿孙满堂，还享尽了人间富贵。

可见，不做别人的眼中钉是何等的重要，给别人一点空间，不妨碍别人的进步，这才是智者为人处世的本领。露出头的椽子是会先烂的，迫不及待开放的花朵必然会早早凋谢，明白了这点，你就不会在职场上犯错误了。

香港著名企业家李嘉诚在给年轻商人提建议时说："保持低调，才能避免树大招风，才能避免成为别人进攻的靶子。如果你不过分显示自己，就不会招惹别人的敌意，别人也就无法捕捉你的虚实。"纵观李嘉诚在事业上的成就和为人原则，我们可以看出他为人比较低调，虽然是香港首富，但是从来没有把自己推向风口浪尖，正是因为这样，李先生经商多年却很少树敌。这也是商场中人应该学习的地方。

在激烈而又残酷的职场竞争中，你既要学会摆出一个向上爬的姿态，也要懂得适当适度的原则，学会谦逊行事。即使是"出头鸟"，也要低调，这样才能消弭他人不平的心态。

与人分享成功的喜悦，不独占功劳

　　不少人在职场上独当一面，或者事业做得很成功，但是得不到他们想要的尊敬和轻松，相反，自己却成了同事们的"眼中钉、肉中刺"。究其原因，就是他们想把所有的荣耀都紧紧抓住，不懂与别人分享，长此以往，谁还会再重视你呢？这些人也许做事还比较有能耐，但是缺乏做人的智慧。工作受到表扬了，连最起码的感谢话都不说，帮助过你的同事感到别扭，连领导脸色也不好看；事业做大了，却成了守财奴，生怕做点慈善事业；拒绝与同事合作任何项目，担心成绩被别人分享了……他们把荣耀看得太重，自私自利，这样不仅自己活得很累，也会被人排挤，到最后工作上的那一点点荣耀也被蒸发殆尽。

　　如今是高度合作的社会，没有合作就不能双赢。那些所谓事业成功、工作突出的人，不管从事什么工作，不管身处什么行业，有谁能说自己的成功就是完全凭借自己呢？你的成功肯定是建立在很多人的默默奉献上的。你自己有了成绩，却把别人忘得一干二净，何尝不是道德问题呢？

　　如果不会与人分享你的荣耀，你的成绩肯定会给你带来很大的职场危机。在一个团体中，你不能把所有的功劳都往自己身上揽，没有别人的支持，你能做成什么呢？纵观事业成功的人，几乎没有一个是心胸狭窄的，否则自己曾经的荣耀吐出来不说，还会被人鄙视。

　　我们不要把那些所谓得成绩看得太重，应该学得聪明一点，有了成绩就和别人分享一下，自己不会少什么，还能顺带着让同事和领导脸上有光。这样一来，做事成功，做人也成熟，何乐而不为呢？

　　有一个年轻人，大学毕业以后就到一家杂志社工作。他很有才气，所负责的杂志也很受欢迎，在最近一次评选中，该杂志还获了国家级的大奖。

　　因为得了大奖，新闻出版署还颁发给他一个证书，社长也奖励了他很大一笔钱，并且当众表扬他平时认真负责工作，充分肯定了他的成绩。但是他在接受表扬的时候并没有感谢现在上司的支持和同事的协助，更不用说把奖金拿出一些请大家吃饭了。他的上司和同事虽然表面上没说什么，但心里都感到很不舒服：虽然杂志是你主编的，可是这里面也倾注着我们的心血呀！总不能连提都不提一句吧！开始大家都还和他比较和气，他也觉得自己身上环绕着一层光环似的。可是时间长了，杂志社里的同事、他的顶头上司，都开始有意无意地和他作对。

　　不可否认，这份杂志能够获得大奖，他的贡献最大，但是有了好处，总不能自己个独享吧！别人并不会认为你是唯一的功臣，一般也都会认为自己也有份，即使没有功劳也会有苦劳吧！所以当荣耀来临的时候，他独享好事，当然会引起别人的不满。尤其是他的顶头上司，更会因为此事而惴惴不安，害怕上级的领导会轻视自己，所以为了巩固自己的地位，从此上司再也不对他委以重任，结果几个月后他就被迫辞职了。当然，所有的荣耀也都灰飞烟灭了。

　　所以说，人在职场混，一定要摸清职场的门道。在工作中做出一点成绩，受到肯定的时候，千万不能认为那成绩就是自个一个人的，要学会和别人分享，哪怕仅仅是一点点，别人也会觉得很受用，否则这份成绩说不准会给你带来人际关系上的危机。

　　你的下属，是你工作上的奉献者；你的同事，是你工作中的合作者；你的上司，是你事业上的支持者。没有了他们的支持或者帮助，你本事再大，又能有什么作为呢？人都是社会动物，不懂协作，不会分享，最后自己只会败得很惨。很多事业大成的企业家都不把自己的大笔财产留给子孙，而是建立各种基金会，去帮助那些更多的需要帮助的人。他们懂得，自己的荣耀不能抱着不放，回馈给更多的人才是终极目标，这样才更能赢得别人的尊重和支持。

香港商业巨头李嘉诚说："我觉得，顾及对方的利益是最重要的，不能把目光仅仅局限在自己的利益上，两者是相辅相成的，自己舍得让利，让对方得利，最终还是会给自己带来较大的利益。占小便宜的不会有朋友，这是我小的时候我母亲就告诉给我的道理，经商也是这样。"

无论身处什么职位，无论你自己做出了多大的成就，永远不要自己独享利益，那是眼光狭隘者所做的事，也是做人失败的表现，应该把自己美好的东西拿出来与别人一起分享。当你看到别人脸上洋溢的笑容时，你会体会到，其实与别人分享幸福比自己占有幸福更幸福。

聪明的人会用赞赏代替批评

俗话说："人非圣贤，孰能无过。"在工作中你的下属或者你的同事难免会犯点错。我们都很喜欢责备那些犯错的人，无非是想证明自己的高明而已。但是你想过没有？尖锐、刻薄的批评产生的效果很小，因为很多人都恐惧批评、畏惧批评。

出了问题就要批评别人的行为一般都是逃避自己责任的表现。布置的工作下属没做好，不积极地去寻找原因，直接就开始劈头盖脸地批评；与同事合作的一个项目，他没有及时完成而耽误了进程，你也不分青红皂白地指责；公司政策推行不见成效了，觉得下属不合作，对着员工们就是一顿猛批……

卡耐基说过："只有不够聪明的人才批评、指责和抱怨别人。"其实，过于严厉地责备他人，会使得对方产生怨恨，不仅于事无补，还会因此造成和同事、下属的隔阂，不利于展开工作。

没有谁喜欢听恶言恶语，一般人都很害怕别人的批评。尤其在职场上，可能几句批评的话，就会让一个极其有潜力的下属彻底失去了成功的希望，也可能让同事从此与你交恶。因此，批评要是不能直接达到目的，为什么还要用批评这把利剑呢？批评人谁都会，但是别人被挫伤的心可不是一时半会儿能够抚平的。

当发生过错的时候，我们首先要冷静和自责，切记不能把所有的责任都推到别人身上。每个人都有自尊心和悔过的念头，不分原因地批评只会让他们奋起反抗。那么，我们为什么不去适当地表扬犯错的人呢？不批评不代表自己去做好人，而是我们做事要讲究一定的办法。

西方一位哲人曾说过："赞赏比批评更有效。"因此，我们一定要善于利用表扬和批评的方法。表扬往往意味着鼓励，而鼓励给人信心和希望，会激发出人更多的斗志和潜能；而批评犹如一把尖刀，伤害了犯错人的心灵，自然也就会胆怯和丧气。所以，对同事、对下属一定要学会表扬，一味地批评只会适得其反。

标准石油公司是世界上最著名的石油公司之一，也是世界第一家托拉斯——标准石油托拉斯，曾经是美国最大的原油生产供应商。它的发展壮大固然有客观因素存在，但是其中很重要的因素是洛克菲勒对公司的管理有方。

贝特福德是标准石油公司的一名高层管理人员，也是帮助洛克菲勒创建标准石油公司的老员工之一。一次，公司要在南美进行一项投资，作为负责南美投资主管的贝特福德因为急功近利，决策失误，结果公司投资失败，损失了大笔资金。可令他没想到的是，洛克菲勒非但没有责备他，还对他大加赞赏了一番。

当时贝特福德坐在花园的石凳上自责，没想到，洛克菲勒看到他后径自走了过来，非常友好地拍了他一下，然后对他说："我的老伙伴，我刚听说了你在南美的事情，你干得好极了！"

"这实在是一次惨败，简直糟透了！"贝特福德沮丧地说，"尽管后来尽力补救，可还是损失了60%的资金"。

"就是因为这一点，我才觉得你做得好。"洛克菲勒认真地说，"我原以为会血本无归，多亏你处理及时，才出乎我的意料，保住了这么多资金。我能不感谢你吗"？

洛克菲勒的一番话让贝特福德重新振作了起来。之后，他通过努力地工作，认真细致地判断，为标准石油公司立下了汗马功劳。

因此，管理下属的时候，面对同一件事情，用宽容和赞赏的方式去对待，远远比埋怨和批评要有效得多。这不仅符合生物学分析理论，更符合人的本性。赞赏对人的触动要强于批评十倍、百倍。职场是这样，生活更是这样。

　　苏格拉底教导他的弟子说："学会赞赏别人吧，即使他们做错了事，批评只会让事情更糟糕。"意思就是，问题出来了，批评不一定能解决。批评他人的时候不妨换成委婉的赞赏之语。在职场中，人们可能会忘记谁曾经伤害过自己，但绝对不会忘记谁赞赏过自己，尤其在他犯错误的时候，给予了他信心其实就是给予了他的新生。你在和别人合作的时候，事情可能会达不到预期的目标，但是赞赏可能会使得事情顺利解决，而批评只会让成功越来越远。因此，千万不要轻视赞美的力量，当赞美表达合适的时候，它可以改变世界，创造奇迹。

欣然接受吃小亏，你会占到大便宜

很多人在工作中一点儿亏都吃不得，生怕自己比别人多付出，而看到好处了，却跑得比谁都快，说什么自己都要捞上一份。爱占便宜的人有这么几种表现：一是干活少，休息多，总想着脏活累活都有新人在做，我是老资格了，当然可以不必做这些；二是争好处，不管是谁在工作上做出了成绩，东拉西扯也要算上自己一份，有好处了可不能落下自己；三是推卸责任，工作上有了失误，尽可能地推给别人，与我无关就成。

世上没有白占的便宜，爱占便宜者迟早要付出代价。越是不肯吃亏的人，越有可能吃亏，并且往往多吃亏，吃大亏。

现实生活中，很少有人把"吃亏是福"当作一个信条来执行。大家都抱着"吃一回亏就够了"的心态来处世，可见人人都不想吃亏，怕吃亏。但是，不管你愿不愿意，每个人都吃过亏。一个项目和同事合作完成，同事却把成绩算在他的身上，你这是吃亏；本该别人完成的工作，领导却安排你去做，功劳还是别人的，这也是吃亏……既然在工作中我们不能避免吃亏，那么我们为什么不适当地吃点亏呢？

人们只知道吃亏使自己的利益受损，却不知道吃亏也是获益的开始。吃亏与受益本来就是相对的。一个人可能有吃亏的时候，也有获益的时候；你在这件事情上吃了亏，或许在另一件事情上就会受益；此时你可能吃亏，但彼时你也许会受益。世上没有永远吃亏的人，那些一时吃亏的人，迟早也会得到利益回报。

俗话说："吃亏是福。"但是我们也不是心甘情愿与世无争，吃亏无数，关键是要看你用一种什么心态去对待吃亏。如果在利益面前不去斤斤计较而是能够放得下，在功劳面前不是独自占有而是与人分享，如此吃亏，必定受到人们的信赖和尊重，也会让自己的人生更加成功。

有一个年轻人刚毕业就进入了一家出版社做编辑，他的文笔不错，更可贵的是年轻人的工作态度非常踏实。

那时候出版社正在编辑一大套名家丛书，每个编辑都忙得四脚朝天，但是社长却没有另招人的打算。于是，编辑部的很多编辑也常常被派到发行部、广告部甚至印刷厂去帮忙。开始，编辑部的一些编辑都还很乐意帮忙，可是时间一长，多数编辑就有些怨言了，只有那个年轻人任劳任怨，对社长的指派招之即来。

一些编辑问他："你不觉得编辑做这些苦力活吃亏吗？"

他却笑着说："吃亏就是占便宜嘛！"

可是，他哪有便宜可占呢？他除了要做自己的本职工作，还要帮忙包书、送书、理货，简直就是一个标准的苦力。后来，他又被借调到业务部，参与图书的销售工作。此外，一些同事还会让他帮忙去取稿、联系印刷厂、邮寄、联系笔会……只要有人开口，他都会乐呵呵地去帮忙。

"吃亏就是占便宜嘛！"年轻人每次都这样对自己说。

两年后，他辞掉了编辑工作，成立了自己的一家出版公司，业务做得还不错。后来有人问他，他道出的秘密：原来别人都觉得他在吃亏的时候，他却把一家出版社的编辑、发行、销售工作都摸透了，这一套经验可是别的编辑没有学到的。当他们现在还在做编辑的时候，他已经不用给别人打工了——这难道不是占便宜了吗？

那种在工作中一点亏也吃不得，斤斤计较，见好处就捞，有便宜就占的人，虽然暂时争得了蝇头小利，但他可能也会因此失去更多的利益。据说，闻名天下的晋商的祖训就是"学会吃亏"。精明的晋商见多识广，积累了很多人际交往的经验。他们认为，"吃亏"处理好了其实也是机会，这也是他们能把生意做到全国的秘密所在。

吃亏就是占便宜！尤其是年轻人更应该记住这一职场"要诀"，这是你积累工作经验，提高自己为人处世能力的最好办法。如果能坦然面对吃亏，我们反而能在人生的道路上走得更踏实，生活得更快乐，事业才会更成功。

学会吃能占"便宜"的亏，是我们不怕吃亏的动力。在职场中，有些亏我们不得不吃，而有些亏我们必须主动去吃。退一步是为了进两步，吃点小亏往往能得到更大的好处。蒙牛集团董事长牛根生在谈到自己成功时说："我的母亲曾经说过一句令我终生难忘的话：吃亏是福，占便宜是祸。这么多年商场的打拼，这句话一直激励着我。"牛根生曾几乎获遍了中国企业家能够获得的每项大奖。这句话不仅教给了牛根生做人、做事、做事业的道理，更用朴素的语言教育了同为读者的你和我。

提防糖衣炮弹式的恭维，保持清醒头脑

俗话说："恭维为人设下陷阱，忠告给人向上阶梯。"职场中，最忌讳的就是掉入别人恭维的"温柔乡"。喜欢被人恭维是太过虚荣的表现，因为这往往显示出自己骄傲自大而不是成熟理智。

职场上的恭维有三个表现。一是无能的下属恭维领导，为了让领导多提拔自己，天天在领导面前溜须拍马，还要借机给领导表示一下；二是同事恭维同事，看到同事的能力对你以后发展很有威胁，就赶紧去吹捧，想让对方麻痹大意，自己好乘虚而入；三是领导恭维下属，下属的确能力很高，领导就开始恭维，给你说点好话无非是想让你死心塌地地出力干活。别人的恭维很可能会让你被蒙骗，以致吃亏遭罪，最后掉进陷阱也爬不上来。

当一个人听到别人的恭维时，心中总是非常高兴，脸上堆满笑容，嘴里可能还会说："多谢夸奖，我可没那么好，你真是会讲话！"即使事后回想，明知对方所讲的是因为有求于你而对你说的恭维话，却还是没法抹去心中的那份喜悦。因为，爱听恭维话是人的天性，虚荣心是人性的弱点。当你听到对方的吹捧和赞扬时，心中会产生一种莫大的优越感和满足感，自然也就会高高兴兴地听从对方的建议。如果是这样的话，你恰恰就掉进了被人恭维的陷阱中。

纵观历史，很多恭维者都得到了巨大的回报，而被恭维者则是掉进了陷阱，遭受了很大的损失。刘邦经常恭维韩信，而韩信为他打下了江山，可最后却被刘邦设计杀死；刘备恭维诸葛亮，使得诸葛亮为了报效刘备一生鞠躬尽瘁，死而后已；朱元璋曾经专门为知识分子建立了一个封公楼来显示自己对他们的恭维，可后来这个封公楼却变成了"焚公楼"……可见，总被人恭维也不见得是好事，很可能前面听着舒服，转眼就要倒霉。

现实中你是否总会被人恭维呢？在被人恭维的时候你应该仔细思考一下别人为什么恭维你，是因为你的权利还是钱财呢？很多的企业家因为天天沉溺于下属的恭维当中，失去了前进的动力，甚至连公司存在的问题都视而不见；很多有能力的人，被同事奉承得找不到北，慢慢在业绩上败了下来。因此，面对恭维，我们一定要仔细分辨，有些话听听就可以了，大可不必为其冲动、盲目地办些傻事。

狮子坐上了森林之王的宝座，统治着林中百兽。有一些小动物经常对它阿谀奉承，溜须拍马，久而久之，它对这些话就开始厌烦，对于臣民的恭维也听厌了。

"真讨厌！它们每天对我说一大堆恭维的话，我的耳朵都快要生出老茧了！它们真愚蠢，以为我真是一个喜欢受人恭维的大王！"

这时，一只金毛狮子狗一边摇着尾巴，一边战战兢兢地走到狮王面前奉承道："大王您统治森林王国十分辛苦！没有您，我们如何能安居乐业呢？我们全体臣民都誓死效忠于您。为了您，牺牲生命也在所不辞。"

"滚开！"狮王咆哮着，从宝座上跳了起来，"你这个溜须拍马的家伙，不要在这里烦我"。

狗夹着尾巴走开了，随后来了一只温文尔雅的狐狸，它一本正经，显得很有修养。它对狮王行了一个不卑不亢的礼，然后瞟了那只狗一眼，轻声说："大王，您何必生气呢？您是最明白的，像狗那么无聊的家伙，嘴里能吐出象牙来吗？"狮子赞许地点了点头。

狐狸舔了舔嘴唇接着说："那条狗竟然不知道您是世界上最不爱听恭维话的人。像您这样的清正廉明，我敢发誓，我还是第一次看到呢！"

"你说得很对。"狮王眉飞色舞起来，"来，这只母鸡你拿去吧！"

　　墨西哥著名将军奥伯利根说过："别怕攻击你的敌人，提防谄媚你的朋友。敌人再强大终有被打败的时候，而那些谄媚你的人，很可能让你掉进预设好的陷阱里。"不管什么场合，都要警惕别人恭维，甜言蜜语不一定都是无私地赞美和夸奖，还可能是包着糖纸的定时炸弹。恭维，一向被很多人当作一种投资来使用，而投资的目的是要获利的。大部分人都知道这些，可在实践中却总是忘记。

不抢风头不争功，把名利让给上司

职场中，总有那么一些人不懂规则，总爱抢上司的风头，在上司面前肆意表现自己的能力，表现得过于聪明。开会的时候，公开否定上司的意见，自己在一旁唾沫横飞，表现自己的才华；领导表扬的时候，一点都不懂得把功劳适当地"转让"给自己的上司，自己得意洋洋；看到上司用的护肤品比自己好，立马去买一款更好更贵的，借此来吸引更多的目光……总喜欢抢上司风头的人肯定在职场混不下去，不仅功劳没你的份，还会被上司排挤，连一些累活、脏活和得罪人的事情还都让你去做。

很多人在工作中不懂得迎合上司，为了显示自己的与众不同，总是把上司的"风头"抢去，这样一来，你是在公司露脸了，可是以后你的上司会给你好脸色看吗？人在职场，千万不要以为自己得到的地位是理所当然的，更不能被任何宠幸冲晕了头。一些受宠的下属以为自己的上司很"照顾"自己，觉得自己地位稳固了就开始为所欲为，谁的风头都敢抢，最终使自己失宠倒霉。

其实在我们周围，一些将不如卒的情况屡见不鲜，但是理智的下属应该懂得不要去抢上司的风头。举个例子来说，当你和上司一起出现在公众的场合时，上司很低调，而你却在那里滔滔不绝，虽然说这样赢得了别人的赏识和掌声，但是你的上司会怎么看你呢？久而久之，你离被炒也就不远了。所以，聪明的下属要适时把自己的功劳归于上司，把本来自己能出风头的机会让给领导。当然，这样做难免有阿谀奉承的嫌疑，但毕竟他是上司，该讨好的时候必须要讨好。

可能你的人缘很好，工作能力也很强，也受到老板的器重，但是没有哪个上司希望下属比自己强，这其实是一种很微妙的心理。总之，不要抢上司的风头，不做让上司面子过不去的蠢事，否则他要是觉得以后你可能会将他取而代之的话，他会立刻将你炒掉，不留"隐患"。

小刘是刚到银行上班的职员，经过了半个月的观察，他发现自己顶头上司的工作其实很简单。一次，他的上司正在为一项任务发愁时候，小刘主动要求帮助上司，并且说："主任，这个很简单，我在学校经常接触关于这方面的东西。"然后就滔滔不绝地开始给主任讲解该如何如何地做。他越说越兴奋，恨不得自己替主任去做。

小刘本以为主任会因为自己帮他解决了难题而大加赞赏，没想到主任冷冷地说了一句："看不出来啊，我怎么没发现你这么能干呢？"然后狠狠地瞪了小刘一眼，转身就离开了办公室，剩下小刘一个人半天也没回过神来。从此以后，主任总会在业务上挑小刘的毛病，只要小刘哪里做得不妥了，就会大张旗鼓地批评小刘。

相比之下，统计科的小王就聪明多了。当小王的上司也被一个棘手的问题缠住时，小王并没有像小刘一样毫无顾忌地说出让自己来完成的话，而是会以参与的态度和上司一起讨论、解决问题，顺便学习一下业务知识。他不动声色地找来很多有用的资料，与上司一起来研究。结果，上司很快就找到了解决问题的方法，而小王也会对上司说学到了很多知识。逐渐，小王和上司的距离拉近了很多，开展一些业务也轻松了不少，并且得到了上司的器重。

相比小刘，小王就聪明在他既达到了解决问题的目的，也没去抢上司的风头。小刘在上司面前的表现就是想要取而代之，而小王却是抱着学习的态度替上司分忧。处理事情的方法孰高孰低，一看便知。

因此，在工作中，我们一定要把上司的职责和自己的任务分清楚，对于上司职责范围的事，不管你的能力有多高，也不能自作主张，独自处理。如果代替上司来解决，只会适得其反。

　　如果你比上司聪明很多，绝不能在他面前表现出来，要给上司一种看起来他比你聪明干练，更需要他的经验的姿态；如果你的点子比上司的更有创意，不妨就把这个点子说成是上司的主意；如果你人缘过于好了，就要学会适当地和同事保持距离，上司才是众人该围绕的。你应该学会找机会犯点无伤大雅的错误，再去找上司寻求协助，这样一来，上司肯定会非常乐意接受这样的请求，你在职场也才能如鱼得水。

　　在职场中，要学会与上司相处，不要让自己成为阻挡上司发光的那片乌云，要学会在上司面前收敛自己的光芒或者才华，做下属的"屈居第二"没什么不好。

不做"孤家寡人"，积极化解矛盾

在工作中，同事间很容易产生矛盾，很多不理智的人往往会大吵大闹，闹得办公室鸡犬不宁。当你得知和你很不错的同事居然在领导面前说你坏话时，你当面就说："我算看清楚你这小人了"；当同事在公开场合批评你，而又不符合事实，你很可能当众就与他撕破脸；你的工作能力很强，深受领导关爱，而和你同处竞争地位的一个同事可能就会讽刺你，挖苦你，你也与其开始当面争吵……

如果不会化解与同事间的矛盾，影响自己的人际关系不说，还会让自己的工作效率大大降低，甚至引发严重的冲突。工作场合中，同事间难免有摩擦，如果处理不当，就会造成严重的冲突，恶化彼此的关系。同事与你在一个单位工作，几乎天天见面，彼此之间肯定免不了会有各种各样鸡毛蒜皮的事情发生，这难免会引起各式各样的瓜葛。这种瓜葛有的是表面的，相对来说还比较容易处理，而有些则是像暗礁一样，你一个不留心便会被绊倒。

其实，不同的人做事的思路往往不同，而所在岗位不同，思路也会不同，矛盾的出现也是必然的。因此，有了矛盾，切不要举措失当，这样只会激化矛盾，对解决纠纷毫无益处。再则，我们也不能因为一件小事影响别人对自己的评价，否则对我们的职业发展会十分不利。我们应该像了解产品一样，充分了解同事的个性特征，才能求同存异，最大程度减少矛盾。

举个很简单的例子：你和单位里的某个同事产生了矛盾，你们在办公室明争暗斗，常常闹得硝烟四起。可是你们是同事关系，假如你摆出了绝交或是爱答不理的姿态出来，你们以后怎么共事呢？试想一下，你办公桌的对面就是和你有矛盾的人，你从上班开始就要面对这张仇恨的脸，直到下班的路上你还可能想着如何整他一次，这样一来，可能整个办公室就被你们搅乱了。

其实，细细想来，你与同事间的矛盾绝大多数情况都是因为一些琐事引起的，其实只要你能想得开，能冷静、理智地处理，就能把矛盾化于无形。

小王是刚进入职场的新人，他工作能力很强，很得领导的赏识。一次，客户要给他传一份合同，因为他们办公室的传真机坏了，小王就到楼上的市场部办公室借用传真机。等他来到市场部办公室，发现单位的一个老同事正在使用，小王就让这个同事待会儿给自己收个合同传真，自己一会儿再来取，就急匆匆地走了。

等小王处理完手头的事，就上楼取传真，却发现传真机旁边什么都没有，还以为是客户忘记了传真，就赶忙打电话过去，而客户的回答是：早在一个小时之前就已经传过去了。于是小王就去询问那个同事："看见传真过来了吗？我有急用。"

那个同事抬头看了看小王，漫不经心地回答道："哦，传真啊，背后让我画图了，这个不影响你使用吧。"说完就把传真递给了小王。

小王又气又急地说："你凭什么随便乱动我的东西啊？"

这个同事听后，声音立马提高了两度："你以为你是谁啊？说给你收就给你收吗？"

这个同事仗着自己资格老，连领导都让他三分，所以平时飞扬跋扈，看不惯谁就骂谁。对于同事这种故意伤害自己自尊的行为，小王没有当面翻脸，而是拿上传真扭头就走了，立马投入到自己的工作之中。

此后，小王不仅没有和这个同事明争暗斗，并且询问同事自己哪里得罪了他。一开始，这个同事还瞧不起小王，并且总是出言不逊。但是小王每次都谦卑地找他沟通，在几次合作中也展示出自己的能力和友善之情，终于化解了这个老同事对自己的偏见，在工作上了也得到了他的照顾，很快就成为了公司的骨干。

　　事后，别人都问小王是怎么做到的，小王笑笑说道："感情是化解同事纠纷的钥匙，真诚是关键的一步。在和同事发生冲突摩擦时，不要急着往前冲，不要正面争吵，对其威胁性的语言也不要理会，而要寻找机会化解矛盾。"

　　职场关系很复杂，如果你把主要的精力"内耗"在与同事之间的矛盾之中，工作效率低不说，还会破坏自己的人际关系。因此，冷静处理、理智对待职场的矛盾才是上策。

　　微软公司中国区前总裁唐骏说过："当我以一个工程师的角色刚进入微软时，感觉就像被扔到了大海里。当时我在想：什么时候才能熬出头呀！而我自己的绝招就是：穿别人的鞋走走看，先从积极的角度去分析老员工，想想他们需要一个怎样的新同事。在与同事有了矛盾的时候，我会冷静地化解，同事之间需要用正面思维来相互对待，而不是剑拔弩张地对峙，不能留着这些不愉快成为我职场的'地雷'。"

　　唐骏后来在微软的辉煌，很大程度源自他所建立的良好的同事关系。其实，与同事有了摩擦，不必非得争个你死我活，谁高谁低。如果处理得当，就能把激动的争执转变为冷静的沟通，反而更有助于彻底解决问题，也能让自己少了许多外界的阻力，有利于事业的发展。

只补台不拆台，看淡名利

　　职场就好比一个团队，需要领导和同事的通力合作才能健康发展，每个人就像一个舵手，需要相互配合，如果有些人开始争权夺利，只会破坏团队的完整性。

　　领导让你和某个同事共同负责一个项目，你和同事为了争夺项目的指挥权，到处扯皮怠工，结果让项目无法进行；和别人共同从事某项工作，当发现该项工作遇到重大困难，便托故退出合作；倘若别人战胜了困难，便伸手"摘桃"，声称自己也参与了这项工作。白居易说："名为锢身锁，利是焚身火。"在职场上与别人争权夺利不仅不能让自己安心工作，还可能因为不当的竞争导致双方两败俱伤，利没争上反倒丢了饭碗。

　　在职场中，我们难免要与同事互相竞争，通过展示自己的工作能力和综合素质，在事业上取得成功。但是在职场上充满了明争暗斗，只要你稍微有所放松，就会受到影响，更不能独善其身。但是有一点是你必须要时刻提醒自己的，那就是最好不要与别人争权夺利。

　　在单位里，我们经常能看到这样的情境：很多公司的管理层平时都把精力浪费在各自为营，争权夺利，拉帮结派上，出现问题就互相推诿，指责埋怨；两个部门都想负责单位赚钱的项目，而为了达到目的，不断地拉拢对方部门的人员，甚至还在背后诋毁，或者在领导面前说对方的坏话；争夺一个部门经理的空缺，两个本来很要好的同事发生矛盾，最后竟难以调和，"两败俱伤"；

还有些人把工作精力花在钩心斗角、争权夺利上，要么没有心思工作，要么在工作上错误百出，最后还被炒了"鱿鱼"。

其实，社会是由人组成的，人际关系推动着社会的发展。同理，在职场上也是这样，如果你把心思花在了争权夺利上，那么肯定不会有所进步。职场上需要的是合作和共谋发展，而不是对抗，相互对抗只能意味着相互伤害、两败俱伤。所以，同事间与其相互伤害，倒不如携手合作，这样才能优势互补，拓展自己的空间和机会，达到双方的利益。

从前，在大森林里有一条蝮蛇。蝮蛇的蛇头和蛇尾都起着非常重要的作用，蛇头掌握着蛇的前进方向，蛇尾则支撑着蛇的身体。它们二者各有各的用处，谁也离不开谁。平日里，蛇头和蛇尾配合默契，相处得很好。这天，它们躺在树下聊天，聊来聊去，不禁谈到了各自的作用，它们都相互夸大自己的作用而贬低对方的作用，结果引发了后来的一场闹剧。

蛇头和蛇尾都曾经是人类噩梦中的主角。上帝在创造它们的时候，都赋予了它们可怕的毒液。因此，在它俩之间，发生了一场由谁带头先行的争论。蛇头总在蛇尾之前先行，于是蛇尾便向上帝申诉："我与蛇头共同走过许多路，可是你为什么让它走在前面，而我就好像专门为了讨它开心似的，亦步亦趋。你以为我一辈子都愿跟在它的后面？我本应该与它平起平坐，可如今就好像一个被使唤的丫头。既然我们情同手足，我和它又同有毒液，功效相当，所以对我们应当一视同仁。请您下一道命令，让我带着蛇头前进，我将好好引导，决不让它有半点怨言。"

上帝如果对这类请求发慈悲，那就是帮了倒忙，恩赐的结果往往会把事情弄得更糟，对这类荒唐的要求本应不屑一顾，但上帝这一次竟然同意了蛇尾的请求。结果，蛇尾做了头领。没想到，蛇尾做了头领后就如同盲人骑瞎马，一会儿碰着石头，一会儿又撞着路人，要不就是撞到了树上，最后竟然把蛇头引进火坑里烧死了。

同样，公司里的各领导和各个部门应当各司其职，互相配合，而不是争权夺利，越俎代庖，否则只能是两败俱伤，最终导致共同灭亡。在职场中，平级之间以邻为壑，缺少知心知肺的沟通交流，因而相互猜疑或者相互挖墙脚，这是因为同事之间都过于看重自己的价值，而忽视其他人的价值；有的人遇到问题，会尽可能把责任推给别人；当有利益冲突的时候，唯恐别人比自己强……这样一来，不仅不能提高工作效率，还会造成自己人际关系的破裂，得不偿失。

在职场上争权夺利，只会让双方两败俱伤。我们要做的应该是和同事相互配合、相互信任；在工作上分清职责，掌握分寸，不相互推诿责任。

在职场中，要做一个受人欢迎的合作者、明智者，就必须懂得看淡名利，做事掌握分寸，分清自己的职责，既不要推诿责任，也不要一味地应承。对别人多看长处，少看短处，对自己多看短处，少看长处，做到"只补台不拆台，背后决不做小动作"，这些都是对一个身在职场的人的基本要求，也是尊重同事的表现。

calmness

第六章

**了解他人的心理，
做出合适的回应**

我们永远也不要把力所能及帮助
他人的机会浪费掉，要以宽厚、理解
的心态对待他人，因为你永远也不会
知道这个"他人"最后究竟会是谁。
因为关爱别人，就是关爱自己。

不要瞎开玩笑，以免引起战火

玩笑话是我们生活的调剂品，但是总有一些人却没有一个度，常把玩笑开过了头。玩笑话也切莫说过头，说的就是要注意尺度。主持人在台上插科打诨，开玩笑说某地的人如何如何不好，结果犯了众怒；对方有明显的生理缺陷，你却故意拿这个说事，闹得双方不欢而散；朋友怕老婆，你每次聚会总拿这个开玩笑，让很好的朋友分道扬镳。可见，玩笑话开过了头，不仅会给对方带来了伤害，也让自己下不了台，更有甚者，还会因为这个丢了性命。

俗话说：说者无意，听者有心。现实生活中，朋友或者同事之间经常会开玩笑，玩笑犹如一种精神"调节剂"，会使人与人之间产生某种程度的轻松愉快的感情交流，这对紧张的工作、生活无疑是非常有益的。但是，在这其中也有一个界限，那就是开玩笑也要适度。

我们在生活中经常会发现这样的现象：有的人在开玩笑中夹杂着贬损，甚至口吐恶语攻击对方。这样的"玩笑"不仅不会让对方在情绪上"轻松愉快"，反而会使对方羞恼。如果遇到的是涵养好的人，反驳几句也就过去了；若是遇到性格火暴的人，则会带来冲突，甚至大打出手，其结果只能是伤了感情，没了面子，最后还结成了冤家。

一天，杭州萧山机场的工作人员正在为旅客办理杭州至广州航班的登机手续。突然，一个30多岁的乘客指着正在走向机舱的3名旅客说："那几个是恐怖分子，你们还让不让进？"

机场工作人员吃了一惊，立刻向机场警方报警，同时采取紧急措施，飞机暂停起飞。机场工作人员调出登机资料后，根据报警男子的指认，空警把那3名男子带下了飞机核实，使近200名旅客全部滞留。

但谁都没想到，等民警来到报警男子面前的时候，这位男子立马就慌了。他说，那3名旅客是自己生意上的朋友，刚才就是看工作人员绷着脸工作，所以想说个玩笑话，缓解一下气氛。而这个时候飞机已经延误了1个多小时。

最后，这位男子被警方治安处罚，而与他在一起的3名旅客也被取消了登机资格。可见，玩笑话开过了，让自己受到了惩罚，同伴也跟着倒霉，真是害人害己。

开玩笑一定要注意场合、时机和环境。庄严、肃穆的场合切不可开玩笑，在公共场合和大庭广众之下，即使开玩笑也要保持一个度。而在公共传媒上开玩笑更是要慎之又慎，因为一不小心就会酿成大祸。

瑞典广播电视台有一档《你好，法庭》的节目。有一次在节目中，电台突然宣布国王古斯塔夫刚刚去世，并且还分了几个时间段播出。在宣布了好几遍之后，电台的主持人才告诉民众这是在开玩笑。当时，听到了广播的民众都信以为真，开始大范围传播，没多久，很多人就知道了国王去世的这个"假消息"，致使政府不得不出面来澄清这个开过头的玩笑话。瑞典王室对电台感到非常不满，王室的发言人也表示："我们已经通知了电台和电视台的主管机构，让他们认真调查此事。"最后，该广播电台的听众人数大幅下降，电台也被王室起诉。

用哲学的眼光审视和分析一下，我们就会发现开玩笑也是有哲理的。要保持开玩笑的性质不发生变化，无论在情绪、语言，还是在动作上，都要适度，否则就会以开玩笑开始，以"战争"告终。

当然，我们在日常生活中不会对事事都像哲学家那样做出充分的哲学思考。但是，懂得起码的生活哲理无疑是十分有益的。无论是谁，只要在开玩笑的问题上注意自己的修养，掌握好尺度，一定会从中享受到无限的乐趣，它不仅会让你的情绪畅快轻松，而且会使你和朋友之间的友谊更富有活力。

马志明在回忆父亲马三立的时候说："父亲面对观众的时候，包袱不断，在台上各种各样的玩笑都开。但一回到家里面，基本不和我们开玩笑，他觉得开玩笑要有度，担心开玩笑过头了会影响家庭成员的关系。"马老是相声界的泰斗，无论是台上还是生活中，总与别人开点玩笑，但是马老的玩笑开得适度，既把你逗笑，还让你接受。马老坚守相声不损人、不过火，不仅深受同行的尊敬，也给广大观众树立了说话做人的典范。

开玩笑可以娱乐自己，幽默他人，但是玩笑话说过了头，就是一个炸弹，害人害己。看场合、分对象、忌过火，才是会开玩笑的表现。

先要尊重他人的想法，再表达自己的意见

我们在与人交谈时，如果发现对方有错了，总喜欢当面指出对方的错误，然后再说服对方接受自己的观点，而这样往往会引发一场无谓的争论。发现同事提出的建议有问题，立马指出他的错误，然后灌输自己的观点，结果两人开始争吵；顾客购买产品发现有缺陷，要求换货，你为了证明商品没有缺点就不理智地和顾客争论，无疑得罪了更多的顾客；为了劝说别人接受自己的意见，就嘲弄、讥笑对方的智商，不尊重对方……

无论是工作中还是生活中，我们每个人都可能会犯错，而我们又不能像哲学家一样思考，所以难免会有一些武断、偏见和固执出现。很多人在与人交谈的时候，一旦发现对方的语言或者对某件事的看法与自己不同，立刻就会指出对方的错误，然后就开始滔滔不绝地说出自己的看法。一旦这样，对方岂能轻易地就接受你的"指手画脚"？他肯定会奋力反驳你，即使你的观点是正确的，他也不会改变主意，最终会伤了双方的感情。

苏格拉底曾经一再告诉他的学生说："我只知道一件事，就是我一无所知。"所以，我们在说服他人的时候要讲究办法和策略，即使你是对的，也要试着有技巧地让对方同意你的看法。一位成功的企业家说过这么一段话："当我的一位客户羞辱我，说我什么都不懂的时候，我真的需要很大自制力才不去和他争论，以维护自己。虽然这很难，但是也很值得。假若是我说他错了，他一定会和我激辩，最后很可能双方感情破裂，赔钱不说，还失去了一个重要的

客户。"确实是这样，正面反对别人的意见就犹如和对方掐架，最后只能两败俱伤。那么，为何不聪明一点，采取一些措施呢？

　　风与太阳打赌说，它可以把正在路上走的那个人的大衣吹掉，太阳答应和它打这个赌。于是风开始使劲地吹啊吹，可那个人却更用力地将大衣裹在自己身上。不管风刮得多猛烈，那个人都没有脱掉大衣。最后，风放弃了。

　　太阳说："我知道该怎么做。"它将温暖的阳光洒在那个人身上。几分钟后，那个人慢慢松开了大衣。接着，太阳更温暖地照耀着这个人。最后，那个人将大衣完全脱掉。凭着自己的温暖，太阳很快做到了风竭尽全力也做不到的事情。

　　我们从这个故事能够得出这样一个结论：说服人们最容易的方法是帮助他们得到他们想要的东西。有人说了一句你认为错误的话，如果你和对方说："我还有一种想法，但可能不对，如果我弄错了，我很愿意被纠正过来。"绝对要比直截了当地反驳对方产生的效果更好，因为无论何时，一般没有人会反对你先承认自己可能有错。

　　某个电器公司的推销员正在挨家挨户地推销洗衣机，当他到了一户人家时，看到这家的女主人正在用洗衣机洗衣服，就忙说："哎呀，这台洗衣机也太落后了吧！这样洗衣服肯定会浪费您很多时间的，太太，看看我们的……"

　　结果，没等这个推销员说完，女主人就生气了，马上驳斥道："你说什么呢！这台机器很耐用的，一直没有故障，我才不换呢！"

　　于是，这个推销员就开始和女主人争论新洗衣机的好处。可女主人一直不为其所动，推销员只好灰溜溜地走了。

　　过了几天，又一个推销员来拜访。他对女主人说："您这台洗衣机真是令人怀念，质量很好，一定帮了您不少忙吧！"看到推销员站在了自己的立场说话，女主人非常高兴，说道："是啊！真的不错，我家都用了很久了，就是就点旧了，我想换个新的。"

于是，推销员就开始介绍自己厂家生产的洗衣机，并举出一些事例来让女主人做参考。很快，女主人就欢天喜地地购买了一台新的洗衣机。

在谈话的时候，我们想要说服对方，一定不要指出他的错误或者与其争论，这样只会使得事情越来越复杂。所以，尽量不要用类似"肯定""当然"这样的词语，改换成"假设""如果"就会好很多。当别人说错的时候，不要立刻去驳斥对方，也不要立即去指正他的错误，而是要用谦卑的态度去表达自己的意见，肯定对方的意见有合理性。这样一来，没有了尴尬的情况，减少了双方的冲突，避免了争执，你也会成为受大家欢迎的人。

詹姆斯·哈维·罗宾森教授说过："我们有时会在毫无抗拒或者被热情淹没的情形下改变自己的想法，但是如果有人说我们错了，反而会使得我们迁怒对方，更固执己见。"

说服对方不能靠争论或者直接指责，适当地运用一些技巧，就能让对方落入自己的"话语圈子"中，柏拉图式的逻辑有时候并不能说服对方，而说到对方心里的话很可能会让其愉快地接受你的意见。我们在谈话中要尊重别人的意见，切忌直接指出对方错了。如果你承认自己可能会判断失误，就能有效地绕开争论，而且也会感染到对方，使得他承认自己也可能犯错了，这样的说服才最有效。

善意的谎言可以温暖他人的心

在交往中，很多人过于实在，认为只有直话直说才是做人的准则，给别人一种锋芒毕露的感觉。公司的一个项目取得了成功，大家都在庆祝，你却突然来了一句"这根本没有某人的功劳"；当一个身患绝症的病人询问医生自己的病情，医生就直言不讳地实情相告；领导指示工作，一开口便离题万里，你就毫不犹豫地打断，说没有可行性；别人有生理缺陷，你说话的时候却毫无顾忌地直来直去……不会说善意的谎言，不仅会让对方敌视自己，还会惹上不该惹的麻烦，到哪里都不被人待见。

提到谎言，我们应该人人都说过，但谎言也有很大的区别。有的谎言是善意的，而有的谎言是恶意的！善意的谎言，出发点是好的，是在撒谎的同时为了达到善意欺骗而编造出来的。其实，说点善意的谎言，在交往中不仅常见，也是很有必要的。那些说话很直很冲动的人，虽然看起来很有原则，但会让人觉得不够理智、冷静。

我们每一个人都该尊重事实，用事实说话，但在很多场合下说出事实，效果反而不如说谎言好。只要不刻意去编造谎言，不说以愚弄他人为乐的谎言，不去讲一些不切实际的谎言，就无碍做人的诚信。从这一点来说，善于编造美丽谎言的人比用事实说话的人更容易得到他人的尊重。

生活中不仅需要真实的劝告，也需要善意谎言的点缀。人无论处在何种地位或是何种境况，都喜欢听好话，更喜欢别人的赞扬。我们在交流中要讲究讳饰，即使你的动机再好，也不要说些太过耿直的话，要做到"矮子面前不说矮"，而不是"哪壶不开提哪壶"，很多时候善意的谎言才能达到你想要的效果。

一架运输机在沙漠里遇到沙尘暴而迫降，但飞机已经严重损毁，无法恢复起飞，通讯设备也已损坏，与外界通讯联络中断。9名乘客和1名驾驶员陷于绝望之中，求生的本能使他们为争夺有限的干粮和水而动起干戈。

紧急关头，一个临时搭乘飞机的乘客站了出来，说："大家不要惊慌，我是飞机设计师，只要大家齐心协力听我指挥，就可以修好飞机。"这好比一针强心剂，稳定了大家的情绪，他们自觉节省水和干粮，使一切井然有序，大家团结起来和困难作斗争。

十几天过去了，飞机并没有修好，但有一队往返沙漠里的商人驼队经过这里，搭救了他们。几天后，人们才发现，那个临时乘客根本就不是什么飞机设计师，而是一个对飞机一无所知的小学教师。有人知道真相后就骂他是个骗子，愤怒地责问他："大家命都快保不住了，你居然还忍心欺骗我们？"这个小学教师却说："假如我当时不撒谎，大家能活到现在吗？"

这个故事告诉我们，善意的谎言是生活的希望，它有时真的会改变我们生命的轨道。其实，故事中的人的遭遇并不是偶然的。现实生活中这类的例子屡见不鲜，也被我们所津津乐道。

一个小女孩得了白血病，在她生命的末期，家人问她最大的心愿是什么，她说想去天安门看看升旗仪式。对一个生命垂危的女孩的最后心愿，家人当然希望能满足她的愿望。但是，因为她的家在遥远的新疆，如果满足她的要求，医生怕女孩经受不住旅途的劳累。于是，一个由2000多名志愿者和医生，还有女孩的家人组织的集体编造谎言的活动开始了。从上火车到改乘旅游公车，一路上，从报站到服务员端茶倒水，甚至到旅客的交谈，都是大家有意安排的。最后，他们来到了一个学校，在军乐队伴奏的国歌声中，已经双目失明的女孩以为真的来到了渴望已久的天安门广场，当看到她无力地举起小手向国旗的方向敬礼时，在场的人们全都流下了热泪。这次由2000多人组织的集体说谎行动，能说是没有诚信的表现吗？

其实，善意的谎言是一种处世的方式，是一种替人着想的体现。它会使人们的感情变得更融洽、和谐，生活变得更有滋有味，它还可以巧妙地避免冲突，实现情感沟通和顺利交往。一个善于说话的人，肯定会视场合、对象来说话，实话实说是没错，但是遇到特殊的情况，说点善意的谎言不仅无伤大雅，反而会更容易被双方所接受。

当代诗人席慕容说过："虽然有的时候，在人生的道路上，我们是应该面对所有的真相。可是，有的时候我们实在也可以保有一些小小的美丽的错误，于人无害，与世无争，却能带给我们非常深沉的安慰的那一种错误。"善意的谎言显然属于我们要学会犯的"一些小小的错误"。我们要学会变通，因为生活中某些时刻需要善意的谎言，那些不伤人害己，出于善良动机的谎言才是说话的技巧所在。

过度同情如"毒药"，害人害己

同情别人是美德，但过多的同情心，会让你变成被同情者。与人交往，切忌过于同情或者怜悯过度，一旦过度了，就会失去同情的味道了。

滥用同情或者怜悯的人把自己看作强者，即使是非歧视地帮助别人，也达不到想要的效果。看到有盲人过马路，不管人家乐意不乐意，一定要上去扶着人家；同事刚被领导批评，你立马就去嘘寒问暖，说长道短；遇到一些骗子抱着孩子行骗，因为同情小孩也不容易，就不去揭穿；在网络上，有些网民不分青红皂白地同情他们认为的弱势群体……这些都是滥用同情的表现。

我们不是说同情不好，因为拿捏准确的同情可以让你在纷乱的人际交往中如虎添翼，但是我们在这里强调的是要注意同情的分寸。没有分寸的同情和怜悯只会让你费力不讨好，因为当它一旦以优越感的方式表露就会变了味儿，变成对他人的轻视，变得失礼。有些人的自尊心很强，当别人对他的同情让他感觉不舒服的时候，他就会选择躲避和漠然地对待，因为没有人喜欢居高临下的同情和怜悯。

我们同情或者怜悯的对象大都是正在处于人生的低谷或者是社会的弱势群体，所以，一方面我们要找好同情的时机，以免让别人抵触；另一方面我们也要把握同情的分寸，免得让过度的同情造成失败的后果。很多时候，我们的同情仅仅是因为"对方比我弱"。现实确实如此，比如你可能会同情一个低保家庭，但绝对不会同情上市公司的老总的家庭。所以，善良、合理的同情心应在暗中表达，默默给予帮助，而没必要因为过于同情把自己都搭进去，这样就失去了同情的意义。

农夫因同情冻僵的蛇，结果被蛇咬死；东郭先生因担心猎人把狼杀死，结果自己被狼骗到袋子里，险遭不测。所以，不要让你的同情泛滥，也不要让你的怜悯帮了别人，却害了自己。

一只母狗已到了分娩期，可还没有找到安身分娩的地方，同伴看到它这种情况，顿时心生怜悯，答应把自己的草屋借给它暂住。这样，母狗就在同伴家里安顿下来，闭门专门生产。

过了一段时间，它的同伴见它已生了孩子，就准备搬回来住，可是母狗却请求再延长半个月期限，理由是它的孩子现在刚学走路，于是它的请求得到了应允。又过了半个月，同伴又来要自己的房子和家具。可母狗又说它的孩子现在正在学捕食的本领，所以要求再晚一段时间，同伴显得有些不高兴了。可是母狗的态度也明显强硬了几分，希望再延迟一个月，同伴勉强答应了它的要求。

一个月很快就过去了，同伴又来要房子。没想到这次母狗却露出了狰狞的面目，它张牙舞爪地回答："我是准备搬出你家的，但这还要看你是不是有本事让我搬出去！"原来这个时候，母狗的孩子们都已经长大，个个凶恶强壮。

给那些坏人施以同情，最后倒霉的肯定是你，面对这种人，你要是敬他一尺，他就会占你一丈。

有一个盲人，常常坐在路边拉二胡，不少人都会走过去朝他面前的盘子里投上一些零钱。一对年轻夫妇路过盲人面前时，妻子顺手掏出几元钱准备放到盘子里，却被丈夫制止，直到听盲人拉完一支曲子才把钱放下离开。妻子很是不解，说："把钱直接给他不就得了吗？"丈夫说了一句耐人寻味的话："音乐响起之后，他就是个演员，而不是乞丐，我们应该尊重他的表演。"

同情要尽量建立在的平等的基础上，不要给别人感觉你爱施舍。我们肯定做过和故事里很多人一样的事：路过那些卖唱艺人的时候，为了表达自己的同情和怜悯，扔出一个硬币，转眼就走了。这时，卖唱艺人的心里肯定会拒绝这种"施舍"，而不会觉得自己是用劳动得来的回报。

澳大利亚著名作家茨威格曾经说过："同情和怜悯有如吗啡，如果不能把握分量和界限，后果很可怕。没有分寸的怜悯和同情比冷漠无情更为有害。"同情和怜悯是必要的，毕竟每个人都需要别人的关怀和慰藉，但是没有度的同情只会让这份温馨变成"毒药"。所以，无论何时，我们在人际交往中要注意同情和怜悯的分寸。

关爱他人也是关爱自己

现实生活中，总有一些贪婪自私的人，他们只顾自己而不去想着别人，过于注重个人得失，吃不得一点亏。公交车上，看到有老弱病残的人在他身边，但他就是贪图享受，不知道主动让座；不注意保持公共环境的整洁，看到有人随手扔掉垃圾，自己也去效仿；看到同事不舒服了，就暗自高兴，心想：别看你平时很厉害，今天的工作够你受了吧；看到邻居满小区找停车位，你也无动于衷，自己占了两个却觉得心安理得。那些不会关爱别人的人遇事后肯定也不会得到别人的帮助和支持，他们的人缘往往很差，事业上更是无法取得成功。

现如今，我们的生活质量明显提高了，但是幸福感却未见得提高多少。很多人觉得不幸福、不快乐、烦恼多，其实这并不是因为自己无法得到物质上的需求，而是没有良好的人际关系所致。他们不会去关爱别人，只懂得满足自己的最大需求，而漠视了别人的需要，结果让自己陷入到可悲的境地。

如果一个人太在乎自己私利的得失，似乎很"精明"，殊不知，这种"精明"反映的只是你目光的短浅。也许你要问了："我去关爱别人，那谁又来关爱我呢？"其实，你只要静心思考一下，就会发现，我们身边有很多很多的人在关爱我们：父母时常嘘寒问暖的短信，让你感到温暖；朋友对你无所回报的支持，让你的事业发展得越来越好……

因此，无论现在的你如何强势，如何走运，将来总有需要别人关爱的时候，真正到了那时，你却抱怨别人都是自私自利的家伙，可你为什么不自己先做出表率呢？我们每个人都会有遇到困难而需要帮助的时候，所以我们看到别人处于困境时，应该伸出援助的双手。在帮助别人过后，看到别人开心，你也会打心里感到快乐。有句老话这样说："想要别人如何对你，你先要如何对别人。"那些真诚帮助别人、理解别人、替别人着想的人看起来会牺牲一些个人利益，但是这样的人在竞争中也会得到别人的帮助。

有一个人去寺院进香时，突然感到肚子非常难受。她急忙冲到离自己最近的卫生间，不出预料，在这样一个人山人海的热闹日子里，哪里还会有卫生纸剩下呢！于是她强撑着找到了另一个不容易被注意到的偏僻卫生间，那里人很少，她开始逐个隔间查看是否还有剩下的卫生纸。万幸的是，她居然找到了一小卷。此时，急迫的她有一种不管三七二十一，想把这些纸全都扯下来用掉的冲动。但是她转念一想，如果哪个与自己面临同样困境的可怜人再跑到这里怎么办？出于对上一位把纸留给自己的人的感激，她只使用了那些卫生纸的一小半，而把其余的一大半留给了下一个使用者。

过了一会儿，奇怪的事情又发生了，她的肚子又开始难受起来！与上次一样，她还是首先跑到了离自己最近的那个卫生间。可是，那里的卫生纸还没有补充进来。她只好怀着近乎绝望的心情又来到了那个人少的卫生间，她甚至确信，这里已经不会再有卫生纸剩下了。但是令她惊讶的是，在她上一次使用的隔间里，她所留下的卫生纸居然都还在那儿。本来她想做点好事，把卫生纸留给别人，可那个受益的人居然是自己！

再来看看下面的这两个例子。

在一次战争中，一位士兵看到一个男孩所站的位置附近浓烟滚滚，他来不及顾虑，冲过去把男孩压在自己身下，没想到一下子后面就传来一阵爆炸声，他回头一看，自己刚才所站的地方出现了一窟窿。士兵本想救小男孩，结果却也救了自己。

在一个单位的招聘会上，通过笔试的人将去参加面试，而面试考场的门口横着一把扫把，许多人毫不在意地跨过扫把，只有一位青年蹲下来拾起扫把放到门后，结果只有这个青年人被聘用了。他的一个小小的举动方便了别人，也开启了自己的成功之门。

这些故事告诉我们什么呢？其实，我们在面对生活中的恩惠时，应该怀着感激的心情，即使仅仅是为了一点卫生纸。我们永远也不要把力所能及帮助他人的机会浪费掉，要以宽厚、理解的心态对待他人，因为你永远也不会知道这个"他人"最后究竟会是谁。因为关爱别人，就是关爱自己。

英国诗人威廉·莫里斯说过："我与你同路，因此让我们手牵手，你帮我、我帮你。我们此生并不长，因为过不久，死神，这位和善的老护士，便会回来，把我们全都摇入睡。所以，在我们还能的时候，且让我们互相帮助。"

得到他人的关爱是一种幸福，关爱他人更是一种幸福。因此，我们不要吝惜自己对别人的帮助，不必太过于计较个人得失，不要把名利看得太重。我们每个人都需要关爱，生活上也少不了关爱，如果别人给予我们关爱，我们更应该去关心爱护他人。

别人恶意的批评，不要理会做好自己

很多人特别在乎别人的批评，即使对一些不公正的批评也会寝食难安，忧虑不堪。年纪轻轻就做到了部门主任，别人的批评就纷至沓来，自己被干扰，以致无法正常工作；自己对工作要求尽善尽美，但对别人任何的怨言都很敏感，生怕得罪每个人；因为别人不公正的冷言冷语就伤心气愤，以为自我受了莫大的伤害。如果你总是被一些不公正的批评搞得自己患得患失，不仅会让这些批评伤害到你，还会影响你的判断，更加难以实现自己的目标。

我们每个人都想成为最受欢迎的人，想让所有的人对自己都有好印象，所以在做任何事情的时候都想做到完美，甚至对一些根本不值得一提的小事都过分认真。而一旦别人对自己有一丁点儿的批评、说了闲话或是被人当作了笑柄，自己就会觉得非常难过，恨不得自己多生出几张嘴来反驳他们。在面对别人的恶意批评的时候，我们常常会暴跳如雷，不能控制自己的情绪，理智、冷静地处世原则也被抛到了九霄云外。

其实，我们在无端地遭到别人的批评时，不妨换个角度，心平气和地反省一下这个问题：为什么对方会批评你？是因为你确实做错了，还是因为批评你会满足他们的快感呢？如果是前者，你就该改进；如果批评是不公正的，你为何不一笑了呢？我们不要太在乎别人的批评，换句话说，就是脸皮要厚一点，不要因为别人的冷言冷语就伤心气愤，以为自己受了莫大的伤害。

俗话说："没人会去踢一只死狗"。很多人去恶意中伤对方，仅仅是因为做这些事能够让他们有一种自以为重要的感觉，或者说就是你已经有了不小的成就，而且值得别人去注意了。所以，你大可不必为这些不公正的批评伤身害己。

美国曾经发生过一次震惊教育界的大事——一个只有三十岁的青年居然担任了芝加哥大学的校长！原来，这名年轻人叫罗勃·郝金斯，他在大学期间就开始找工作，并且一边工作一边学习，最后还以不错的成绩从耶鲁大学毕业。郝金斯在毕业后做了作家、家庭教师，最令人惊诧地是，他居然还有伐木工人和卖服装的工作经历。在毕业八年后，罗勃·郝金斯就被任命为芝加哥大学的校长，没有什么门路且很年轻的郝金斯能担任这么高的职务，这真是让人匪夷所思。一时间，很多教育权威人士开始出来指责当地教育部门的任命方式，一些报刊也大肆发表一些不入流的言论，人们对他的批评向大山一样压向这位所谓的"神童"的头上："太年轻了，经验不够，把名校要整垮了……"还有很多人怀疑郝金斯的教育观念，甚至连一些好友都开始"策反"他。

在他将要上任的那一天，依然有很多报纸发表过激的言论，看罗勃·郝金斯并没有对这些言论予已回击。有一个朋友跑来对郝金斯的父亲说："今天早上我看到了报纸上那些攻击你儿子的话，真把我吓坏了。"

"没错，他们的话是说得很凶。可是请你一定要记住，从来没有人会踢一只死了的狗。"郝金斯父亲回答道。

美国一位将军曾经说过："我被别人无故责骂和羞辱过，他们用能在英文中想得出来的词语但印出来却不带脏字的话来骂我。这会不会让我觉得难过呢？哈！我现在要是听到有人在我后面讲这些话，甚至都不会转头去看究竟是什么人在说。"

其实，在我们的工作、生活、学习当中难免会遇到一些不公正的批评，遇到后你是大吵大闹，影响自己的思绪，还是静观其变呢？我们不必苛求自己完美，同时也不要太在乎那些冷言冷语。你要是优秀了，总有人会对着和你干，这样你就会成为不公正批评的受害者。既然你躲不过，为什么不干脆不去理会呢？有的时候你会发现，你越想去解释，越想得到众人的拥护，结果往往会事与愿违，直到你用更大的成功堵上他们的嘴巴。

　　有人曾经说过："只要你超群出众，你就一定会受到批评，所以还是趁早习惯的好。不管别人对我的不公平批评有多么猛烈，我会尽最大的可能去做。然后，我会把破伞收起来，让批评我的雨水流下去，而不是滴在我的脖子里。"当你受到不公正的批评时，不要为压力屈服，尽可能地坚持自己的方向吧！用坦然和毫不犹豫的态度去对待才是你需要做的。

投其所好才能轻松办事

很多人在与人交往或者求人办事的过程中，过于呆板，既不去深入了解交际的对象，更不懂得避实就虚，投其所好，往往办不成事。有人不喜欢听奉承话，你却一直在他耳边叨叨咕咕，反而引起对方的警觉，以为你不怀好意；说话的时候对什么人都一视同仁，领导脸挂不住，同事对你也颇有怨言；有的人脾气暴躁，讨厌喋喋不休的长篇说理，你却还在一旁苦口婆心地给他灌输大道理……在与别人的交往中，不会投其所好不仅把该办成的事给办砸了，还会因为不适当的行为得罪了别人。

在我们周围，上司、同事、朋友、家人以及所有你要打交道的人都会有自己的个人喜好，这也就要求你必须根据不同的交际对象来灵活改变自己的策略。很多时候，就是因为我们没有掌握交际的技巧，结果被别人认为没有教养，不懂规矩。因此，对方可能就会阻碍你，不愿意协助你的工作或者有意去为难你，这样就可能堵死了你办事的路子，平添了许多麻烦。

俗话说："人各有其情，各有其性。"不是让你刻意地放低姿态去讨好别人，而是要学会为人处世的技巧。因此，我们要想与对方顺利地交往或者办事，就必须深入了解自己的交际对象，了解对方的性格、身份、地位、兴趣，然后再投其所好，不去说他所讨厌的事物，这样办起事来才能进退自如。古话说的"攻其虚，得其实"就是这个道理。

日本想和埃及恢复外交关系和正常贸易，就派了国内一个很出名的议员去游说时任埃及总统纳赛尔。

对此，纳赛尔虽然很不情愿，但也不好回绝大老远赶来的日本议员。但是由于两人的性格、经历、兴趣、政治抱负有不小的隔阂，纳赛尔接见这个议员的时候总是爱答不理的。而这个日本议员为了不辱使命，搞好与埃及的关系，在会见前搜集了大量关于纳赛尔的资料。当他看到正常的外交辞令无法引起对方兴趣的时候，他话锋一转，开始与总统套近乎。

"总统，在我们日本，尼罗河与纳赛尔是妇孺皆知的，我与其称阁下为总统，不如称您为上校吧！因为我曾经也是军人，也和您一样跟英国人打过仗。"日本议员毕恭毕敬地对纳赛尔说。

纳赛尔只是"哦"了一声，没有做任何反应。

议员接着说："英国人骂您是'尼罗河的希特勒'，他们也骂我是'马来西亚之虎'。我读过阁下的《革命哲学》，曾把它与希特勒的《我的奋斗》作比较，发现希特勒是实力至上的，而您则充满幽默。"

纳赛尔十分兴奋地说："我写的那本书，是革命之后三个月匆匆写成的。你说的没错，我除了实力之外，还注重幽默感。"

议员说："对啊，我们军人也需要人情味。我在马来西亚作战时，一把短刀从不离身，目的不在杀人，而是自卫。阿拉伯人现在为独立而战，也正是为了自卫，如同我的那把短刀一样。"

"阁下说得真好，以后欢迎你每年来一次。"纳赛尔显然抑制不住内心的狂喜。

而这个时候，日本议员抓住了机遇，顺势转入正题，开始谈论两国的关系与贸易，最后还愉快地合影留念。

从这个故事中我们可以看到，这位日本议员的投其所好产生了奇效，不仅打开了话题，还顺利地完成了自己的任务。从这件事中，我们也可以看出投其所好在交际中的作用：投其所好，便可以与其产生共鸣，拉近距离；投其所恶，很可能会激怒对方，使事情搞砸。因此，无论在什么时候，我们都应首先摸透对方的性格，即使时间来不及，开始的时候也要多听对方说，从他的言语中得出一些结论。这样的话，我们就能依其特点，进行"对症下药"。

要想让自己在与人交往中能够左右逢源、八面玲珑，就必须在待人处事的时候知己知彼。针对不同的人采用不同的方法，无论是投其所好，还是投其所恶，一定要把准对方的"脉"。

卡耐基说过："如果成功有任何秘诀的话，就是了解对方的观点，并且从他的角度和你的角度来看事情的那种才能。你唯一能够影响别人的方法，就是谈论他们想要的。你想钓到鱼，就要知道鱼喜欢吃什么。"在交际中，我们若想不吃闭门羹，就必须了解自己的交际对象，争取有共同语言，在与其交往的时候最好能投其所好，这样才容易接近对方，最后才能达到自己的目的。

calmness

第七章

与人交往，要知
"冷"还要知"热"

我们在生活中要与人为善，待人
处事不要斤斤计较。也许有人告诉你
要忍让，还有些人建议我们要敢于争
取，可事实上，对于人际交往来说，
重要的不是忍让，更不是争斗，而是
相处。

勉强应允不如坦诚拒绝

日常生活中，很多人宁可自己遭罪、吃亏，也不愿意去拒绝别人的无理要求，尽一切可能去满足别人。不会拒绝一些无理要求的人是用自己的痛苦来满足别人的希望，这无疑伤害了自己。工作做出了成绩，同事就窃取你的功劳去巴结领导，你忍气吞声；不太熟识的朋友总是无端地找你帮忙，你拼命满足；上司对你苛刻严厉，总爱让你加班加点，却没有任何报酬，你还是委曲求全。这些都是不会拒绝别人无理要求的表现。别人提出任何无理要求你都去做，抛去自己吃亏、被轻视不说，别人还会变本加厉地提出更无理的要求，让你身心备受煎熬。

在人际交往中，每个人都会有或多或少的苦恼。如何能与别人恰如其分地交往是我们从小到大都在学习的一门"功课"，但是依然有很多人觉得自己活得很累，这是为什么呢？想想看，你平时是否对别人的任何要求都来者不拒，然后再疲于奔命呢？温良谦让的教育理念，使得我们对别人提出的很多无理的要求既不敢拒绝，也不会拒绝，有的时候甚至想不到拒绝。这就是我们苦恼的原因所在。

很多人在人际交往中会信奉这样一个观点，即"拒绝=伤害别人"，他们认为拒绝了别人会让别人受到伤害，或者会让自己的人际关系恶化。殊不知，这种观点是大错特错。乐于助人确实可以培养良好的人际关系，但热心助人是有限度的，若不顾局限性一定要求自己有求必应，只会让自己疲惫不堪。

因此，面对别人的无理要求，要大胆而又巧妙地拒绝，何况有些要求是你根本不能完成的，所以更要学会拒绝这些无理要求。一旦要拒绝对方，就不要举棋不定。再者，拒绝别人的时候也不能让对方太过难堪和尴尬，毕竟拒绝不是目的，而是一种手段。

一个人因为乐善好施，所以周围朋友很多，但是树大招风，很多人都慕名来找他，就是为了能得到他的帮助。有找他借钱的，有让他替人求情的，还有人想让他帮忙给弄个一官半职的……他自己虽然表面上很是风光，但是内心却极其痛苦，找不到排解郁闷的办法。

一次，他听说寺庙里有一个禅师德高望重，便独自一人上山去求助。见到了禅师后，他问禅师："师父，请问我如何才能解除我的痛苦呢？"

禅师在听完了他的讲述后，只说了一句话："你要自己悟出，我要是说了就不管用了。"

于是，此人便在寺庙里住下。第二天，禅师看到他就问："施主，悟出什么了吗？"他摇摇头。禅师拿起戒尺狠狠地打了他一下，并且罚他打坐半天。第三天，禅师又来了，继续问他悟出什么没有，他依然摇摇头。于是，禅师又打了他一下，罚他打坐一天。等到第四天的时候，禅师又来了，他很沮丧地说还没有收获。禅师拿起戒尺准备再打他的时候，他伸手挡住了。

禅师终于点了点头，然后对他说："施主，你已经悟出了这个道理——拒绝无理的要求，请下山吧！"

邻居得知我与在英国工作的朋友有联系，恰好他的孩子也在英国读书，就想通过我介绍，希望能联系一下，给自己的孩子安排一份工作。没想到，朋友立刻回复过来说："你的好意我心领了，但是我必须要拒绝，我不想认识他，因为我有自己的圈子。我最害怕与一些陌生人没话找话说。所以，你要转告邻居的孩子，国外不同于国内，无论有谁照顾，最后每个人都要靠自己的努力才能自强自立。"

　　这二则故事都很短，但是道理却很明显：虽然我们无法阻拦别人提出无理要求，但是我们可以选择拒绝，而不是选择逆来顺受。

　　面对领导、同事或者朋友的一些无理要求，一定不能不加思考地就接受，你的有求必应不仅会强化他们向自己提出无理要求的行为，而且还会剥夺自己成长和发展所需要的时间和精力，绝对是得不偿失的事。何况，一旦你接受，一些烦心事、得罪人的事就会从你做，到你总是做，最后到了你应该做。这样一来，你自己取得的成就，从没有你，到总是没有你，最后会演变成就不应该有你，这个时候，你该怎么办呢？所以，面对无理要求，该拒绝时就要拒绝！

　　松下幸之助一次在年会上对员工说："我们对客户的要求一定要甄别对待，尤其是业务员面对这个难题。如果客户的要求超过了自己职权范围，或者是提出一些无理要求的时候，我们必须坚决拒绝，绝不能松口，否则就是给自己惹麻烦。"不会拒绝无理要求，一定会给自己惹上不该惹的麻烦，何况并不是所有的要求都是你能解决的。所以，与人交际要聪明点，面对无理要求，不要逞强接受，更不能懦弱地接受。

人脉需要平时的积累，不要临时求人的尴尬

很多人平时不注意积累人脉，觉得没有那个必要，眼前只会盯着脚下的那点利益，可当真遇上事了，才想起到处求神拜佛，到那时就晚了！

在人际交往中，切不能急功近利，这样只会让关系越用越淡。生意上突然遇到了资金问题，银行也贷不出款，朋友也都躲得远远地看热闹；因为要找工作，才恍然想起已经好几年没有联络的同学；求人办事的时候，打算去家里拜访，转念一想，很早就该去却没去，现在有求于了人家，这种拜访连自己都很尴尬……这些都是平时不去积累，遇事乱作一团的表现。如果平时不去打点人际关系，当真正遇事后，要么别人都在旁观，要么直接拒绝提供帮助，恶果只有你自己去品尝。

现代人生活节奏很快，没有时间进行过多的应酬，这样时间一长，本来很牢固的关系就会慢慢地变得疏远，朋友之间也会越走越远。其实，这是人际交往的大敌。我们结交朋友绝对不能急功近利，觉得一时也用不到，就不去培养感情。如果到了用人家的时候再去"烧香拜佛"，又有谁会助你一臂之力呢？

俗话说："爱情需要好好经营。"你的人际关系又何尝不需要耐心经营呢？人都是感情动物，没有谁会拒绝对人对己都有益处的感情培养。所以，建立和维护人际关系需要耐心，因为这是一个长期的过程，急躁显然不会取得成效。

美国黑人传奇投资者克里斯·加德纳在年轻的时候极其落魄。偶然的一个

机会，他结识了一个著名证券交易所的经理，并迅速与他建立了友好的关系。恰好这个公司正在招收实习生，克里斯通过自己的努力成为了这个交易所唯一的一个高中生，但公司一共招了60个实习生，最后将录用其中的一个，也就是拉钱最多的那个人。

经过简短的培训后，公司就发给他们一个厚厚的电话簿，里面是各大金融公司职员的联系方式。他们每天的任务就是不停地打电话，目的就是让更多的人来交易所开户。很多实习生在电话里一听到客户的拒绝，什么话都不说，直接就挂断。而克里斯则恰恰相反，当遭到客户拒绝时，他会感谢对方听取了他的介绍，结束时还提醒对方，如果有机会一定来找他。而对一些已经成为交易所客户的人，克里斯不是就此罢手，还会不时地听取他们的意见，及时向公司反映。

一天，克里斯把电话打到了一个退休的大公司CEO那里，对方和老伴有着大笔的退休资金，如果能拉到这样的客户，自己肯定能被录用。不巧的是，等他赶到对方办公室，已经错过了20分钟的预约期限。克里斯没有灰心，他第二天专门登门拜访，并且和对方去看了一场橄榄球。在VIP包厢里，因为很多人都把克里斯当作这个CEO的朋友，所以克里斯结交了很多的权贵和金融家，并且在日后都和他们结成了朋友。后来克里斯因为出色的工作业绩被交易所录用，而在几年之后，他成立了自己的投资公司，很快就成为了百万富翁。

与其说这是克里斯勤奋工作的结果，还不如说这是他懂得人际关系的重要性。原来，克里斯在工作之余经常邀请那些金融家和一些老客户去看比赛、看演出，节假日还不忘给对方寄张精美的贺卡。他的备忘录里保存着大量的电话号码，每隔几周就会联系一遍所有的人，极其注重培养自己的人脉，细心地经营这些难得的人际关系，最后也终于获得了丰厚的回报。

纵观克里斯"放长线"的手段，揭示了求人交友要有长远的眼光，平时把关系处好了，就会少做一些临时抱佛脚的买卖。我们平时工作再忙，也不能忽视感情投资，抽出一点时间来维护一下自己的人际关系，隔段时间就问候一下新老朋友，让对方觉得你心里有他。这样，如果遇事有求于对方了，让他们帮忙才会水到渠成。

　　美国石油大亨洛克菲勒在其全盛时期曾感慨地说："与人相处的能力，如果能像糖和咖啡一样可以买得到的话，我会为这种能力多付一些钱。"无论在什么时候都要记住，友情投资要走长线，平时一定要懂得培养和沟通，哪怕是只言片语的问候，也比临时拜佛要管用，这是交际之道，更是为人之道。切忌用到人时终日笑脸相迎，用不到人时则相逢若不相识。人际交往不能急功近利，多拜拜冷庙，烧烧冷灶，你才能慢慢地积累起人脉。

牢记别人的姓名，不仅是尊重也是赞美

戴尔·卡耐基说过："一种简单但又最重要获得别人好感的方法，就是牢记别人的姓名。"很多人常犯的一个毛病就是在和谈话对象有过一次交往后却依然记不住对方的名字，要么以记性差敷衍，要么就用工作忙来做挡箭牌。殊不知，这恰好犯了人际交往的大忌。

路上看到曾经生意场的一个伙伴，很想去打个招呼，却发现怎么都记不起来对方叫什么；想约人吃饭，电话拨通后，支支吾吾地，原来突然就忘了怎么称呼对方；宴会的时候，看到有认识的人，过去寒暄，不料却叫错了名字，结果双方都很尴尬……记不住别人的名字往往会给对方留下不礼貌的感觉，别人肯定也不会尊敬你，因为这个你会丧失很多机会，也得不到你想要的帮助。

名字只是一个人的代号，但是，在实际生活中我们是离不开这个代号的。举个例子来说，当我们与某人有了第一次见面后，如果你不能记住对方的名字，下一次见面就无法与对方进行交流，找不到交流的契机。这样一来，你在需要对方帮助的时候，对方怎么能够原谅你的失礼呢？

记住别人的名字，是社交中最基本的细节问题。名字是一个人的符号，还是你区别他人的一个重要特征。能把你谈话对象的名字准确无误地叫出来，不仅仅是对对方的一种尊敬，也是对对方的一种巧妙的赞美。

其实，那些有所成就的人，往往能够记得很多人的名字，无论是地位高的还是地位低的人。人们除了对自己的名字格外尊重之外，另外还有一种倾向，就是渴望自己能名垂后世，万古流芳。可见，人爱其名，无可厚非。因此，我们要把记住别人的名字，作为做人做事的重要细节来对待。

美国TWA航空公司曾经多次被评为"最佳服务航空公司"，这个殊荣得益于TWA航空公司的优质服务。

凯伦·克丝作为TWA航空公司空姐的一员，在每次执行飞行任务前，都会尽量记住每位乘客的名字。所以当她在为乘客提供服务时，会正确而亲切地称呼每一位乘客，这让搭乘该航空公司的乘客都非常满意。曾经有一位乘客写信给凯伦说："我已经好久没有搭乘TWA的飞机了，但是从现在起，除了TWA，我不会再搭乘其他航空公司的飞机了，因为你让我觉得TWA航空公司非常重视乘客，在你们的飞机上我感觉到了前所未有的亲切。"

谁都希望自己能够被人记住，谁都希望自己的名字受人重视。所以，我们应该留心记住那些你所接触到的人的名字，这不仅仅是礼貌的问题，而且你不知道在什么时候就需要对方的帮助。

一次，安德鲁·卡内基和普尔门所控股的两家公司竞争太平洋公司的生意，一旦谁得到了这个公司，将会获得国内空白的市场，所以双方你争我夺，价格被砍来砍去，最后到了根本没有什么利润的地步。一天晚上，卡内基就约普尔门出来见个面。等他们在饭店见面后，卡内基就开门见山地对普尔门说："把我们两家公司合起来吧。"普尔门认真地听着，但是脸色毫无变化，没有做任何表示。卡内基见有和谈的希望，就直截了当地说："我看这样吧，只要我们的公司合起来，新公司的名字就叫普尔门皇宫轿车公司。您看怎么样？"普尔门听到此话，眼睛一亮，高兴地拍了拍卡内基的肩膀说："这个主意不错，我们坐下来好好谈谈。"于是，世界钢铁工业史就这样被卡内基的一句话改写了。

能叫出对方的名字，会使对方感到亲切、融洽；反之，对方则会产生疏远感、陌生感，进而增加双方的隔阂。在人际关系中，姓名往往扮演着神奇的角色，我们要记住对方的名字，不是刻意去讨好别人，而别人要求你记住他的名字，也不是出于虚荣心，因为这是一个人的尊严和人格得到保证的根本和基础。我们在希望别人记住自己的名字的同时，我们也应牢记别人的名字，并准确无误地唤出来，这对任何人来说都是一种尊重和友善的表现。

所以，花点时间和精力记住别人的名字吧！如果你想要别人喜欢你，乐意帮助你的话，这样的代价是值得付出的。时刻记住：人最重视、最希望他人尊重的就是他们自己的名字。记住别人的名字，并在适当的时候叫出来，也许你会得到意想不到的收获。

戴尔·卡耐基在《人性的弱点》中写道："记住人家的名字，而且能轻易地叫出来，这等于给了别人一个巧妙的赞美。而若是把他的名字忘了，或写错了，你就会处于很不利的地位。"名字是我们每一个人都有的，而称呼也是在实际生活、工作中，以及各种社交场合中不可缺少的一方面，同时这还是正式交往得以进行和展开的必要环节。记住别人的名字，也就是为自己的人生赢得未来，这是赢得口碑以及良好人际关系的开始。

隐藏锋芒，时间会证明你的才华

很多人在与别人交往尤其是面对自己朋友的时候，常常是无所顾忌，锋芒毕露，往往毫无节制地表现自己。自己的才华比别人高，于是总是当众指正别人说话时所犯的错误，而不顾忌别人的感受；家庭条件比别人优越，就时刻显露自己与众不同；工作比朋友好，就喜欢在聚会的时候吹嘘自己的业绩如何高，工作环境如何好；在工作中表现得太好，却不注意收敛锋芒，经常遭到别人的怨恨。不会收敛自己锋芒的人不仅会伤害别人的自尊心，没有了好的人缘，事事难办不说，还会给自己惹上祸端。

也许你会为有几个志趣相投、感情深厚的朋友而自豪，可有时你也许会为朋友们的日渐疏远而苦恼和困惑：你与朋友之间没有多大隔阂和矛盾，友情怎么变淡了呢？其原因可能来自方方面面，但是你有必要思考一下，自己在与人交际的过程中是否太过锋芒毕露了？

很多时候，你的自身条件或者外部条件的优越会让你和周围的人有很大的不同，而这些有利的条件可能就会使你有一种居高临下的感觉，觉得自己高人一等，把自己的"锋芒"肆无忌惮地撒向你周围的人。即使你没有觉得高人一等，但是你的聪明才智和能力比周围的人高太多，这个时候你又不会适时地藏起自己的锋芒，就会遭到别人的排挤和陷害。这些都是破坏你人际交往的罪魁祸首。

因此，与其"锋芒毕露"，让别人敬而远之，给自己留下很多人际关系的隐患，倒不如去试一试"沉默是金"。其实，一个有才华的人会保持适当的沉默，这不仅是谦逊友好的体现，也是一种自信和力量的体现。所以，在与别人交往时，要控制情绪，保持理智，态度谦逊，虚怀若谷，把自己放在与人平等的地位上，并注意时时想到对方的存在，照顾对方的心理承受力。

《三国志》中记载着这样一个故事：祢衡是东汉末年的一个狂傲之士，后来他也终于因为"诞傲致殒"（锋芒毕露而丢掉性命）。祢衡少年时代就表现出过人的才气，记忆力非常好，过目不忘，善写文章，长于辩论。但是，他的坏脾气似乎也是天生的，急躁、傲慢、怪诞，动不动就开口骂人，挖苦那些朝中的大官，因而得罪了不少人。

后来，祢衡终于结识到了当时著名的文人孔融，他的才学也被孔融所欣赏，于是孔融好意将他推荐给曹操。谁知，祢衡一进大门就开始羞辱曹操："虽然天地很大，你手下怎么就没有一个有用的人呢？"他把曹操手底下的人贬得一无是处，然后就开始夸奖自己"上知天文，下通地理；三教九流，无所不晓"。曹操听后只是含笑不语。当曹操说到辅助汉献帝的时候，祢衡更加锋芒毕露，称自己"上可以为尧舜禹做谋臣，下可以与颜回的才德相媲美"。后来，曹操大宴宾客，祢衡竟然当场脱光衣服，借此来侮辱曹操，并且臭骂了曹操一顿。

曹操忍无可忍，只是看在孔融的面子上才没杀他，于是强行把祢衡押送到荆州，送给荆州牧刘表。刘表让祢衡掌管文书，所有的文件材料，都要请祢衡过目审定，十分信任祢衡。但祢衡这个才子的致命弱点是目空一切，他不但经常说其他秘书的坏话，而且渐渐地连刘表也不放在眼里，说起话来总是隐含讥刺。刘表本来就心胸狭窄，自然不能容忍祢衡的放肆和无礼。但他也不愿担杀害读书人的恶名，于是就把祢衡打发到黄祖那里去了。

刘表把祢衡转送给黄祖，是因为他知道黄祖性情暴躁，其用意显然也是借刀杀人。祢衡初到江夏，黄祖让他做秘书，负责文件起草。祢衡开头颇为卖力，工作干得相当不错，因而甚得黄祖赏识。然而让人扼腕的是：一次，黄祖在战船上设宴会宾客，祢衡的老毛病又犯了，竟当着众宾客的面，说了不少刻薄无礼的话！黄祖呵斥他，他竟骂黄祖："死老头，你少啰唆！"当着这么多人的面，黄祖哪能忍下这口气，于是命人把祢衡拖走，吩咐将他狠狠地杖打一顿。可祢衡还是怒骂不已，于是黄祖下令把他杀掉了。

就这样，才子祢衡死于自己的狂妄自大。其实，只要他稍微收敛一下自己的锋芒，克制一下过强的个性，对周围的人稍微礼貌些，纵然黄祖是个急性子，也不会招致杀身之祸。

从古至今，恃才傲物、目空一切、骄傲自大之人，没有一个落得好下场；反之，谦虚内敛、等待时机、蓄势而发之人，往往能取得成功。有才干本是好事，也是事业成功的基础，而在恰当的场合显露出来是十分必要的。但是带刺的玫瑰不仅容易伤人，也会刺伤自己。露才一定要适时、适地，时时处处才华毕现只会招致嫉恨和打击，导致做人及事业的失败。

明朝文人洪应明在《菜根谭》里写道："澹泊之士，必为浓艳者所疑；检饰之人，必为放肆者所忌。君子处此，故不可稍变其操覆，亦不可露其锋芒。"这段话的主要意思就是说：君子不可锋芒毕露，过分表现自己的才华。我们身处这种既被猜疑又遭嫉恨的环境中，一定要懂得为人谨慎、冷静，最聪明的办法就是隐藏锋芒。你是不是真的比别人聪明，不一定必须张扬着让他人知道，因为时间会证明一切，是金子总会要发光。

记住别人的恩，宽容他人的错

很多人极其心胸狭窄，别人对自己的好，转眼就能忘记，而如果别人不小心得罪了他，肯定是念念不忘，总是想方设法寻找机会报复对方。部门进行项目设计，你熬了几个通宵策划出来的方案被上司据为己有，在他受嘉奖的时候，根本没有提到你；你有事求到了朋友，他不想帮你，干脆就躲着你走；你总是看不惯一个同事自己什么都不做却对别人颐指气使，总想找机会让他出丑；每次和家人吵架的时候，都会把他们对你的好忘得一干二净，只看到他们哪里对你不好……总想别人不好的地方，不仅会影响自己的人际关系，还会因为总受闷气，危害自己的身体。

俗话说："受人滴水之恩，当以涌泉相报。"说的就是要时常记着别人的好处。但是不少人都有一个缺点：只记得别人的不足而忘记别人对自己的帮助。别人在无意之间伤害到了他们，即使道歉了，也很久都不能释怀，因为他们都崇尚"君子报仇，十年不晚"，而没有听过"君子报恩，十年不多"的说法。

其实，静下心来想一想，这样做无疑是给自己的人际交往泼冷水。你的每次不宽容、不原谅可以带来什么呢？只能让别人觉得你是一个小肚鸡肠的人，只能让你一时觉得占了便宜或者没有吃亏，但是依然绕不开心头的结。如果你是一个宽容的人，你又会失去什么呢？

一个有修养的人不同于平常人的地方，首先在于与人交际中是以恕人克己为前提的。他们帮助过别人的事，肯定不会时时刻刻地挂在嘴上或者在心里记着，但是自己对别人不好的地方却能够及时反省。

两个朋友在沙漠中旅行，旅途中他们为了一件小事而争吵了起来，其中一个还打了另一个一记耳光。

被打的人觉得深受屈辱，一个人走到帐篷外，一言不发地在沙子上写："今天我的好朋友打了我一巴掌。"之后，他们和好如初，继续往前走。一天，他们来到一片绿洲前饮水和洗澡。饮水的时候，那个被打的人差点被淹死，幸好被他的朋友救起来了。

被救起后，被打的人拿了一把小刀在石头上刻下了这样一句话："今天我的好朋友救了我一命。"

他的朋友好奇地问他："那天我打了你之后，你把那件事情写在沙子上，而现在为什么要把我救你的事刻在石头上呢？"

他笑了笑回答道："当被别人伤害时，要写在容易忘记的地方，风会负责抹去它；相反，如果获得了朋友的帮助，就要把它刻在心灵的深处，那里任何风雨都不能让它磨灭。"

其实，朋友之间的伤害往往都是无心的，而帮助却是真心的。忘记那些曾经的伤害，铭记那些真心的帮助，你会发现你在这世上有很多真心的朋友。

古人素有"以德报怨""涌泉想报"的说法，这就是教给我们在与人交往的时候要忘怨忘恨，而去记好记德，这样你才能够避免许多不必要的矛盾。我们平时要宽仁待人，回报别人帮你的"恩"，念自己犯过的"错"，不断地调整自己，端正自己的行为。待人有功，不必张扬炫耀；但如果自己有过错了，就要严加自责。人家有恩于我，虽滴水之恩，也当涌泉相报；而人家得罪于我，冒犯了我，则应当宽以释怀。

斤斤计较得失，你会失去的更多

与人相处，不能太过斤斤计较，更不能求全责备。在一些小事上，如果总与别人争个不停，是心胸狭小、做事不够冷静的表现。某个朋友忘记了曾经答应过要请你吃饭，你总是不依不饶，逮住机会就对别人发牢骚；上司分给部门一个临时任务，你一看处理起来比较麻烦，便借故推给其他同事，想自己一身轻松；过年过节单位发福利，你总是第一个上去挑肥拣瘦，嘴里还埋怨质量问题……凡事斤斤计较的人不仅交不到什么朋友，在生活、工作中也会处处碰壁，烦恼无限，遭人排挤。

无论是在生活还是工作中，我们经常可以看到这样一种人，他们对自己的得失斤斤计较，一丝一毫都抓得紧紧的，为了一点儿小小的利益就和别人争得头破血流，自己从来就不能吃一点亏，而他们似乎也因为自己的"聪明"而得到了不少好处。可是，这样的精明，表面上看起来似乎十分实用，但却是人际交往中的一大禁忌。虽然你得到了一些利益，却没有处理好与别人之间的关系，更不会招人喜欢。这样到头来，吃亏的还是你自己。

我们每个人都是唯一的，都有自己的优点和缺点。不同的生活经历、不同的兴趣爱好、不同的文化背景和性格，由不同的人组合在一起，就形成了我们的交际圈。在这样的环境下，要想让自己的人际关系和谐，就要在与人交往的时候不斤斤计较。

因此，不要太与别人斤斤计较，尤其在朋友和同事之间。我们生活在社会之中，朋友和同事是我们要主要面对的交际对象，而在这两种人之间，你只有同舟共济而非求全责备才能获得和谐的人际关系。

1898年冬天，威尔·罗吉士继承了一个牧场。有一天，他养的一头牛为了偷吃玉米而冲破附近一户农家的篱笆，最后被农夫杀死。依当地牧场的共同约定，农夫应该通知罗吉士并说明原因，但是农夫没这样做。

罗吉士知道这件事后，非常生气，于是带着佣人一起去找农夫论理。此时，正值寒流来袭，他们走到一半，人与马车全都挂满了冰霜，两人也几乎要冻僵了。

好不容易抵达木屋，农夫却不在家，农夫的妻子热情地邀请他们进屋等待。罗吉士进屋取暖时，看见妇人十分消瘦憔悴，而且桌椅后还躲着五个瘦得像猴子的孩子。

不久，农夫回来了，妻子告诉他："他们可是顶着狂风和严寒而来的。"

罗吉士本想开口与农夫论理，忽然又打住了，只是伸出了手。农夫完全不知道罗吉士的来意，便开心地与他握手、拥抱，并热情邀请他们共进晚餐。

这时，农夫满脸歉意地说："不好意思，委屈你们吃这些豆子，原本有牛肉可以吃的，但是忽然刮起了风，还没准备好。"

孩子们听见有牛肉可吃，高兴得眼睛都发亮了。

吃饭时，佣人一直等着罗吉士开口谈正事，以便处理此事。但是，罗吉士看起来似乎忘记了这件事，只见他与这家人开心地有说有笑。

饭后，天气仍然相当差，农夫一定要两个人住下，等明天再回去。于是，罗吉士与佣人在那里住了一晚。

第二天早上，他们吃了一顿丰盛的早餐后，就告辞回去了。

在寒流中走了这么一趟，罗吉士对此行的目的却闭口不提，在回家的路上，佣人忍不住问他："我以为，你准备去为那头牛讨个公道呢！"

罗吉士微笑着说："是啊，我本来是抱着这个念头的。但是，后来我又盘算了一下，决定不再追究了。你知道吗？我并没有白白失去一头牛啊！因为，我得到了一点人情味儿。毕竟，牛在任何时候都可以获得，然而人情味儿，却并不是很容易得到的。"

故事中的罗吉士，尽管失去了一头牛，却换得农夫一家人的笑容和幸福以及难得的人情味，这段经历，更让他懂得生命中哪些才是无价的。

我们在与别人相处的时候，最怕的就是太过认真仔细、斤斤计较，因为生活中实在有太多能让你计较的琐事了：被人说了坏话，遭人冷眼讥讽，受别人牵累遭到领导批评……一旦你陷入计较这些事的时候，你还有时间、精力去完成你必须要做的事情吗？相反，如果在与别人交往时做到"宽容待人、胸怀大度"，你才能处理好这些纷繁复杂的关系，化解那些恩恩怨怨。如此一来，你也必定会成为一个受别人欢迎的人。

人的幸福与否绝对不仅仅在于得到了多少，而且在于自己能否有一个舒适的交际环境。斤斤计较的人看似得到的要比别人多，那是因为他们透支了人际关系这张未来的支票。但想想看，争来争去无非是一些蝇头小利，无关紧要的小事，你又何必如此劳心费神呢？

心理学家莱金·菲利普斯说："许多人不能与他人正常交往、和谐相处的原因，是因为他们在儿童时期没有学会基本的社会交往技能。他们不会与人分享，他们不能做到对人宽容，总是斤斤计较，这对他们的成长极为不利。"我们在生活中要与人为善，待人处事不要斤斤计较。也许有人告诉你要忍让，还有些人建议我们要敢于争取，可事实上，生活的内容远非我们想得如此简单。对于人际交往来说，重要的不是忍让，更不是争斗，而是相处。

不要自夸自大，这样只会迷失自己的方向

很多人功成名就了或者事业上取得成功了就开始瞧不起自己周围的人，把自己摆在了高处，认为别人就应该比自己低一等。事业取得了一点成就，就忘记了当初和你同甘苦、共患难的挚友对你的帮助，认为他们现在不配做你的朋友了；自己的顶头上司在业务上的很多地方都比不上你，却还总喜欢对你的工作指手画脚，你恨得牙直痒痒；学术上有了自己的建树，就轻狂起来，无视积累知识的重要性；你拥有高学历，总觉得哪里都不能容下自己伟大的理想和抱负，结果求职却屡屡碰壁……

中国的先哲们一向教导后人要小心从事、低调做人，这就是告诉我们要学会把自己放在低处，无论自己有多辉煌的成就都不能自傲，那些自视甚傲的人往往会吃到恶果。在一个群体里，你总试图当主角去展示自己的本事，结果惹来了别人的怨恨；要么就是看不起别人，觉得自己有"鸿鹄之志"，别人都是"燕雀之心"。如果这样的话，你在现实中就会格格不入。一个怀才不遇的人，总看不到别人的优秀，一个沉湎于愤世嫉俗的人，总看不到世界的精彩，最终让情绪笼罩了自己，使得人生一无所成。

俗话说："三人行，必有我师。"每个人都有自己的长处，只要虚心学习别人的长处和优点，就能学到真正的知识和技巧。把自己放在低处，学会包容别人，学会谦逊、慈爱、微笑，善待朋友和亲人，时刻怀着一颗感恩的心，以海纳百川的胸怀宽以待人，才能使自己心态平和，心胸宽阔，心里永远充满阳

光。因此，我们在现实生活、工作中，若想保持稳步上升的生存状态，就要把自己放在低处，给别人必要的尊重和宽容。

美国著名科学家富兰克林，年轻时曾去拜访一位前辈。那时，他年轻气盛，挺胸抬头迈着大步，一进门，他的头就狠狠撞在门框上。出来迎接他的前辈看到他这副样子，笑笑说："很痛吧！可是，这将是你今天来访的最大收获。一个人要想平安无事地活在世上，就必须时刻记住低头。"富兰克林从中悟出了许多深刻的道理，并把此列入一生的生活准则之中。这对他后来成为一代伟人有很大的帮助。

1775年6月，在波士顿郊区的小镇莱克星顿发生抗英战斗（美国独立战争的序幕）的几星期后，殖民地爱国者在费城召开大陆议会，讨论谁能担任大陆军总司令。正当议员们讨论得热火朝天、争执不下的时候，约翰·亚当斯站起来，他大声喊道："先生们！我知道这些条件是要求过高了，但我们都必须认识到，在此危急存亡之际，作为一位总司令，我认为这些条件是必须具备的。会不会有人说，全国找不到一个这样的人呢？我可以回答你们，在我们中间就有一位。他就是乔治·华盛顿。"大陆议会一致投票赞成亚当斯的提名。

然而，当时年仅34岁的华盛顿，并没有如同人们想象的那样欢呼雀跃，或轰轰烈烈地庆贺一番，而是"眼睛闪烁着泪花"。他对在场的所有人说："这将成为我的声誉日益下降的开始。"

华盛顿获得提名后，并没有陶醉于荣誉之中。相反，他能够保持清醒的头脑，考虑到的首先是自己与大陆军总司令所必须具备的条件之间的差距，从而对他以后的工作提出了更高的要求。这帮助他率领美国人民取得了独立战争的胜利，而他自己也成为了美国第一任总统。

有些人之所以成功，就是因为自始至终能看到自己身上的缺点和不足，然后付诸行动，把自己放在低处，不断完善自己，而不是盲目地抬高自己。因为他们心中明白这个道理：人最怕出名后找不到自己的位置。因而，即使顶着成功的光环，他们也能够不断提高自己的人生标准，使自己得以升华。

　　把自己放到最低处吧！海纳百川，成汪洋之势，就是因为它的位置低。涧谷把自己放在低处，才能汇集山上流下来的水；人只有把自己放在低处，才能吸纳别人的智慧和经验。记住低头，就是要记住不论你的资质、能力如何，在社会中你无疑都是渺小的。只有在生活中看轻自己，看重别人，看重奋斗目标，才能最后取得成功。

　　人生如爬山，有的人在山脚，有的人在山腰，还有的人已经爬上山顶。此时的你不管处在山的什么位置，都要把自己放在山的最低处，时刻苛求自己，不断提高攀登技能，最后才能达到"一览众山小"。

　　万科总裁王石有句话是这么说的："万科一直把自己放在高处，这样才有做大事的胸怀和眼光；万科一直把自己放在低处，这样才能更好地学习别人的长处和优点。"我们可以把自己的眼光放高一些，不断激励自己达到更高的目标；同时，我们也必须把自己放在低处，不浮夸、不自大、不好高骛远，让自己在生活和工作中能够如鱼得水。

弹性交友，灵活处理与朋友的关系

现实生活中，很多人交友时不注意交友的技巧，总以自己的主观好恶来决定自己的交友方式，这样往往会出现很多问题。本来对方也没有得罪你，但你就是看不惯人家，觉得对方不顺眼，然后就不与对方来往；对方的兴趣和你大相径庭，爱好也和你有很大的不同，你就不去接近；对方学历比你低，在谈话中但凡有一点不投机了，你就懒得与对方说；在与比自己身价低的人交往时，感到不愉快了，就慢慢疏远，直到断交。如果你交友太过求全责备，很可能会到达没有朋友的境地，不仅不能借助朋友的力量成功，还会给自己树立很多的对手。

人想要在社会上立足和行走，就必须借助朋友的帮忙。虽然说有一些朋友不见得能帮上你什么大忙，但是你也不能因此不去结交朋友，因为没有朋友就意味着你会无路可走。

虽然我们每个人都有自己交友处世的原则，但是一个理智、冷静的人在交友的时候绝对不会求全责备。他们懂得，一个人想要有所发展，就必须做事有弹性，交友更是如此。每个人都有自己的长处和短处，你不能仅仅盯着对方的短处来说事，因为他们很可能会成为对你有所帮助的人，如果你一味地揭对方的短处，你们的关系只能越来越远。

俗话说："一个好汉三个帮。"朋友多了，路自然就好走了，你在遇到困难后可以充分借助朋友的智慧，发挥他们的能力，这样再大的困难也会变得容易。因此，在结交朋友的时候，应该放下自己的架子，采取主动的态度，别被自己严格的交友规则所束缚，这样才能交到挚友，交到诤友。这是聪明人的处世之道。

　　战国时期，齐国的孟尝君喜欢招纳各种人做门客，号称宾客三千。他对宾客来者不拒，对有才能的让他们各尽其能，对没有才能的也提供食宿。

　　有一次，孟尝君率领众宾客出使秦国。秦昭王将他留下，想让他当相国。孟尝君不敢得罪秦昭王，只好留下来。不久，秦国大臣们劝秦王："留下孟尝君对秦国是不利的，他出身王族，在齐国有封地，有家人，怎么会真心为秦国办事呢？"秦昭王觉得有理，便改变了主意，把孟尝君和他的手下人软禁起来，只等找个借口杀掉。

　　秦昭王有个最受宠爱的妃子，只要这个妃子说一，秦昭王绝不说二。孟尝君派人去求她救助，妃子答应了，条件是拿齐国那一件天下无双的狐白裘（用白色狐腋的皮毛做成的皮衣）作报酬。这可叫孟尝君为难了，因为刚到秦国时，他便把这件狐白裘献给了秦昭王。就在这时候，有一个门客说："我能把狐白裘找来！"

　　原来，这个门客最擅长的就是钻狗洞偷东西。他先摸清情况，知道昭王特别喜爱那件狐白裘，一时舍不得穿，就放在宫中的精品贮藏室里。于是他便借着月光，逃过巡逻人的眼睛，轻易地钻进贮藏室把狐裘偷了出来。妃子见到狐白裘高兴极了，便想方设法说服秦昭王放弃了杀孟尝君的念头，并准备过两天为他饯行，送他回齐国。

　　孟尝君逃出来后，可不敢再等两天，立即率领手下人连夜偷偷骑马向东逃。到了函谷关，（在现在河南省灵宝县，当时是秦国的东大门）正是半夜时分。按秦国法规，函谷关每天鸡叫才开城门，可是半夜时候，鸡可怎么能叫呢？大家正犯愁时，只听见几声"喔喔喔"的雄鸡啼鸣，接着，城关外的雄鸡都打鸣了。原来，孟尝君的一个门客会学鸡叫，而鸡只要听到第一声啼叫就立刻会跟着叫起来。怎么还没睡踏实鸡就叫了呢？守关的士兵虽然觉得奇怪，但也只得起来打开城门，放孟尝君一行出去。

天亮后，秦昭王得知孟尝君已经逃走，立刻派出人马追赶。可追到函谷关时，孟尝君一行已经出关多时了。

从这个故事中我们可以看出，孟尝君是靠着鸡鸣狗盗之士才逃回了齐国，让自己转危为安。虽然他这种来者不拒的交友方式值得商榷，但是他不拘一格的交友原则是值得我们学习的。我们在交友的时候，要因人而异，在坚持一定原则的情况下还要保持弹性，切不能求全责备，而要灵活处理。朋友失去了固然还可以重新结交，但是失去友情绝对是你很大的损失，还可能成为你成功路上的障碍。所以，在交友时，多一点大度，少一点苛求吧！

唐太宗李世民在《帝范》写道："交友与用人都一样，要看其大节、本质，不求全责备，只见树叶，不见森林。居第在乎洁，不在华，无令稍过，以荒厥心。"因此，我们在交友的时候不要自以为是，看自己十全十美，看别人一无是处，而是要取人之长，补己之短。不要用自己的好恶作为交友的唯一尺度，对朋友要多一点大度，少一点苛求。就如李世民说的一样，居室不在有多么华丽，而在于洁净舒适；交友也不能因为和你想象的有差距，就放弃结交。

calmness

第八章
在逆境中理顺自己，
才能把握好明天

生活就像是一面镜子，你对着它笑，它也会对着你笑；你对着它哭，它就会对着你哭。一个以微笑面对生活的人，总能够看到事情最好的一面，期待最有利的结果。

逆境是成功的必经之路，勇敢面对它

人处在困境的时候，常会心生怯意，做事畏首畏尾，不敢与苦难搏斗，甚至万念俱灰，对生活没有一点儿希望。陷入困境时，很多人的做法就是消极面对。由于自己决策失误，使公司陷入了巨大困境，从此　蹶不振，而不是想方设法摆脱；在职场遇到了事业的"瓶颈期"，消沉躲避，不敢面对；生活中，遭遇了重大变故，怨天尤人，失去了生活的信心……如此都是坐以待毙的表现。只会等待，不仅好运不会降临，就算有取得成功的机会，也会让你浪费殆尽，到那个时候就真是坐以待毙了。

老子说："祸兮福所倚，福兮祸所伏。"意思是祸与福互相依存，可以互相转化。人活在世上，不可能一直会顺风顺水地一路高歌猛进，总会有乌云密布、困境缠绕的时候。有些人在顺境的时候，遇到了苦难，可能还能克服。可如果本来就处于逆境，一旦再遭受打击，就彻底崩溃，再无任何斗志。这样的人生怎么能成功呢？我们遇到了困境，是消极面对坎坷，还是说服自己要勇敢地迈过去呢？

没有哪个成功的企业家或是伟人的奋斗是在顺境中完成的。其实，我们只要把逆境当作成功前必须要经历的阶段，把艰难困苦作为成功的摇篮，咬紧牙关，自然就不再抵触。

《鲁滨逊漂流记》是英国作家丹尼尔·笛福的代表作，这部小说一问世即风靡全球，经久不衰。这部作品之所以能够畅销，最主要的原因是它让读者懂得了处于逆境的时候不要放弃。

鲁滨逊在一次航行中遇到风浪后翻了船，除他之外无一人生还，而他流落到了孤岛上。他凭着惊人的毅力与勇气与困难作斗争，28年后，他依靠自己的智慧逃出了孤岛。"我整天悲痛于这凄凉的环境，没有食物，没有房屋，没有衣服，没有武器，没有出路，没有被救的希望，眼前只有死，不是被野兽所吞，就是被野人所嚼……"开始的时候，他还有点失望，但是很快就习惯了荒岛上的生活。他逐渐对生活充满了希望，不再整天沉浸在悲观中，开始一心一意地过自己的生活。他建了小房子，做了桌子、小匣子，捕了小羊、小猫，种了谷子……用自己的双手，创造了自己的"小王国"。在这其中，他经历了种种磨难。灾难总在和鲁滨逊作对，他需要对付病魔，纵然他的身边没有任何药物，但是他并没有表现出任何恐惧，最后终于利用自己的智慧战胜了病魔。

没有人可以知道他是怎么做到的。他没有助手，工具不全，缺乏经验，做的许多事情都是白费力气。面对困难，他从来不灰心失望，经常总结失败的经验，重新开始。辛勤地劳动换来了令人欣慰的回报，他最后变得有船用，有面包吃，有陶器用，有种植园，有牧场，有两处较"豪华"的住所……他曾经这样说道："我的脾气是要决心做一件事情，不成功决不放手的"，"我要尽全力而为，只要我还能划水，我就不肯被淹死，只要我还能站立，我就不肯倒下……"也许就是因为心中的执着信念，支撑着鲁滨逊艰难地活着。

鲁滨逊明白自己要离开活着回去，于是他开始造船。他砍了几个月的树，花了无数的心血，却由于事先没有考虑周全，船离海边太远，怎么也无法让船下水。这下，数年的心血白费了，似乎一切希望都破灭了。或许是他的事迹感动了上帝，上帝又将"星期五"赐给他。希望回来了，鲁滨逊更加努力了。后来，他帮助一艘停泊在岸边的英国船的船长制服了水手的叛乱，夺回船只，鲁滨逊成功搭上该船驶返英国。

孟子说："天将降大任于斯人也，必先苦其心志，劳其筋骨，饿其体肤，空乏其身，行拂乱其所为，所以动心忍性，增益其所不能。"历史上很多有成就的人正是经历了艰难困苦之后才成就了不平凡的事业，正所谓：梅花香自苦寒来。没有任何的成功能够很容易地得到，逆境也许是上天送给你的礼物，里面包含成功的喜悦，你若无法坚持，那么只能看着成功让别人拿去。

坚持坚持再坚持，希望就在不远的前方

很多人在遭遇挫折、陷入困境的时候，最先怀疑的就是自己的能力，常常因为困难而想到放弃。遇到困难就想放弃的人绝对是没有恒心和毅力的表现。工作项目做到最后一步，客户却总是不通过，就要撒手不干；请求总是被对方拒绝，就心灰意冷，放弃了自己的目标；登山的时候，体力透支，再想到遥不可及的山顶，就会心生怯意……很多人仅仅为了放弃就把困难无限扩大，想为自己找个理由。

西方有一句谚语说："成功者是咬紧牙关让死神都害怕的人。"我们无论在工作、生活还是学习中，不可能事事都顺心，陷入逆境也是很正常的，这时你不要忘了还有一个基本原则永远适用，这就是——再坚持一下。很多人本来有目标、有理想，并且也辛勤工作，努力奋斗，但是由于困难很多，在他们眼里似乎总是有难以逾越的鸿沟，这使得他们愈来愈泄气，最后只会半途而废。

在逆境中，放弃不仅会让你彻底失败，而且还会让你养成一种失败心理。面对困难会陷入习惯性放弃的泥淖，根本不能看到胜利的希望。纵观那些成功的人，很多都是在逆境中坚持才取得了辉煌的成就。爱迪生经历数千次的试验才发明了白炽灯，一生当中有两千多项发明；贝多芬十七岁时患了伤寒和天花病，二十六岁失去了听觉，在爱情上也屡受挫折，但逆境不但没有吓倒他，反而成了他"扼住生命的咽喉"，获得强大生命力的磁场……可见，在逆境中坚持住，哪怕只有一下，也许就会看到成功的希望。

一个著名的拳击手曾经说："在受到对手猛烈重击的情况下，倒下是一种解脱，或者说是一种诱惑。每当这时候，我就在心里对自己叫喊：挺住，再坚持一下，再坚持一下！因为只有我不倒下，才有取胜的可能。胜利往往来自于'再坚持一下'的努力之中。"成功也许需要智慧和天赋，但是如果不能坚持，那我们必会与成功失之交臂。

拿破仑在没成名前只是一名陆军少尉，始终得不到被提拔的机会。但是他没有被命运的逆境所阻挠，多少年来一直坚信着一句话："不想当将军的士兵不是好士兵。"之后，他在针对英军的土伦战役中发迹，平息王党暴乱、率军远征意大利、重创反法同盟中的奥地利帝国。逆境中的拿破仑不断奋斗着，从一个无名小卒晋升为一名声名显赫的将军。终于，在1799年11月9日，拿破仑发动了雾月政变，推翻了"督政府"，于1804年12月2日加冕为法兰西第一帝国的皇帝。拿破仑实行资产阶级军事独裁统治，巩固了资产阶级秩序，他指挥的法军在几年内大胜奥地利帝国、俄罗斯帝国和普鲁士的军队，彻底击溃了反法同盟的进攻，成为了法国乃至世界历史上举足轻重的一代枭雄。

法国画家米勒，年轻时的作品一幅也卖不出去，他陷在贫穷与绝望的深渊里。后来，他迁居到乡村。虽然他仍然未能摆脱贫困的厄运，但是他并没有停止作画，从此，他的画开始更多表达美丽的大自然和淳朴的农民。其中《播种》《拾落穗》等作品，还成为了不朽之作。如果他没有那种不放弃、奋勇前进的精神，是永远不会诞生出这些不朽之作的。

拿破仑和米勒都遇到过人生的巨大逆境，而他们向我们展示的不是临难退缩，而是坚持不懈的勇气。曾有人说过："面对困难，要想成功，就不应该有逃避的想法，只准有前进的勇气。"

逆境的改变，往往产生于坚持一下的努力之中，不懂得在逆境中坚持就是胜利，正是很多人失败的根源。所以，我们要像所有的成功者那样，面对困难，一定要咬紧牙关不松口。逆境往往是检验强者和弱者的试金石，也是造就英雄和豪杰的先决条件。如果一个人能够在逆境中脱颖而出，那么这个人就一定能有卓越的成就。要想在逆境面前成为强者，就要蔑视逆境，勇于向逆境挑战，在失败面前不气馁，在逆境之中不动摇，才能让你有了触摸成功的喜悦。

英国哲学家、社会学家罗素说过："希望是坚韧的拐杖，忍耐是旅行袋，携带它们，人可以登上永恒之旅。"当我们处在逆境中，一定要看到希望，鼓起勇气和信心，要知道，凡事皆需尽力而为，半途而废者永无成就。

只有你自己认为办得到，才有可能成功

　　很多人并不缺乏成功的资质，也不缺少必要的条件，但就是与成功无缘。其实，打倒他们的不是别的，正是他们自己。部门开会讨论方案，你怯于发言，失去了被领导发现、赏识的机会；接到羡慕已久的公司的电话通知后，不是想积极准备，而先是想到了巨大的困难，不敢去面试；公司要到一个陌生的地方开拓市场，想到可能出现的障碍，就放弃了原来的计划。在逆境中，一旦自己把自己打倒了，就再也没有了翻身的机会了。

　　我们每个人都会遭遇人生逆境的洗礼，但是在逆境中，自己被自己打倒是很可怕的。俄国作家车尔尼雪夫斯基说："如果一个人净想着'我办不到'，那他果然就会办不到。"试想一下，在生活中，我们是不是经常因为身处困境就被假想中的敌人所吓倒？成功者都要经历无数次的失败，但是失败后并不可怕，可怕的是因为你陷入失败的困境中就无法自拔，自己先把自己打倒。

　　俗话说"逆境出人才"，虽然这并不是绝对的真理，但也从侧面说明了在逆境中不要气馁、不要失望的重要性。我们身处逆境的时候一定要学会忍耐，沉得住气，受得起委屈，坐得住冷板凳。其实，无论我们做什么，都会遇到很多挫折，遇到很多困难，但是你绝对不能自己把自己打倒。记住，你自己不能灰心丧气，这个是最重要的。如果你在逆境中判断错误情势，自己先否定了自己，那么曾经的努力和坚持，都会烟消云散。

1805年，欧登塞城的一个贫苦鞋匠家里诞生了一个看上去平凡得不能再平凡的男孩子，他就是19世纪著名童话作家，世界童话之父——安徒生。

安徒生在小的时候，因为家里很穷，请不起老师，只好由父亲给他上课。父亲用生活经验让他懂得了世间情怀，懂得了怜悯，也懂得了写作。安徒生11岁时，父亲病逝了，于是他独自一人来到丹麦首都哥本哈根，开始了自己的拼搏生涯。在一次偶然的机会中，他的才华被展现出来，获得了免费就读的机会，这对于一个家境贫寒的青年是一次多么难得的机会！5年后，他升入了哥本哈根大学。然而毕业后，他始终没有工作，主要靠稿费维持生活。1838年，他获得了作家奖金——国家每年拨给他200元非公职津贴。

从此，安徒生就开始专注于童话创作，一篇又一篇的优秀作品接连不断的问世，事业也到达了顶峰，但他的生活却一直处于低谷。安徒生的一生都是在逆境中度过的：自幼贫穷、早年丧父、终身未娶、贫穷、孤独、悲痛的窘境无时无刻不在伴随着他。但是，他的一生都是在顽强地拼搏中度过的，他不断与逆境周旋、抗争着。他的作品为世间带来了一丝温暖，为孩子们带来了幸福与欢乐，自己生活在寒冷的冬天也在所不惜。

塞万提斯于1547年生于一个没落的贵族家庭，由于家境贫寒，很小的时候就不得不经常跟父亲四处奔走谋生。他在22岁时参加了西班牙军队，结果在一次战斗中，不幸身受重伤，左手致残。1575年，他离开军队，回家途中却不幸遇到海盗，他被运送阿尔及尔作为奴隶出卖，经历着一言难尽的痛苦和艰辛。直到1580年，他才被父母赎身获得自由。为了生计，塞万提斯在海军中充任军需职务，后来却因涉嫌挪用公款案，蒙冤入狱。三个月后，他被无罪释放，但是却一直找不到好工作，丢掉了几份好差事。因此，一家的生活没有着落，徘徊在饥寒困顿中。当时，塞万提斯一家七口人挤在一所下等公寓的小房子里，楼上是妓院，楼下是小酒楼，整天都十分嘈杂，环境简陋。但正是在如此嘈杂和恶劣的条件下，他在狭窄的过道上放上一张极为简单的书桌，从事《唐·吉诃德》的创作，并因此部作品一举成名。

安徒生和塞万提斯之所以能够取得成功，是因为没有被逆境所困，更没有被自己打倒。其实，不管是面对顺境还是逆境，我们很多时候都不是被外界事物打倒的，而是自己打倒了自己。处于逆境，如果不努力不奋斗就先把自己打倒了，那如何还能站得起来呢？

因此，一个人的信心能产生巨大的能量，它能够让你在逆境中找到生活的航向。一个人只有先肯定自己，给自己信心和力量，才有希望走上通往成功的路，并且最终达到目标。其实，在我们周围，于逆境中成功的人不一定都是强者，但一定是自信的人，无论何种逆境都打不倒的人。

成功的欲望就是你身处绝境时的希望

很多人在顺境的时候都没有成功的欲望，更不用说在逆境当中。身处逆境的他们，一定会把自己想要成功的欲望包裹得严严实实。有人可能对未来抱有侥幸的心理：说不准哪天自己撞大运了，依靠投机心理来慰藉自己；有人凡事都抱着试一试的心态，如果办事顺利了自己就坚持，一旦遇到障碍了，转头就跑；还有一些人干脆就没有成功的念头，只能平庸度过一辈子。如果没有成功的欲望，处于逆境后你就只会悲观失望，而不能把握逆境带给你的机遇。更为可怕的是，你没有了希望，还能做成什么呢？

法国著名军事家、政治家拿破仑曾经说过："不想当将军的士兵不是好士兵。"这句话的意思就是告诉我们做任何事情都需要在内心有成功的欲望。历史告诉我们，那些身处逆境中却往往能够顺利突破的人，无一不是拥有成功的欲望的，可以说，正是因为成功的欲望才让他们走出了困境。

为什么同样是人，有人富有、成功，有人平庸、失败呢？也许你认为这取决于能力，可难道能力是天生的吗？为什么别人的能力很强而你很差呢？其实人的天赋差异很小，你没有理由归结于你的天赋比不上别人。知识、运气、社会环境、机遇……这些统统都不是你推脱的理由。反省一下，你是否是天生排斥成功，以为成功从来不会青睐自己呢？

这个世界上很多人之所以不能成功，是因为他们没有真正想要取得成功。有些人虽然想要成功，但他们往往一遇到困难就开始退缩。也许你有着成功所必备的一些条件，但是如果你缺少了想要成功的欲望，就会慢慢消磨自己想要成功的意志，最后终会一事无成。

我们不仅在顺境中要让自己保持足够的成功的欲望，在逆境中更是如此，因为你只有让成功的渴望伴随着你才会走向成功。当你过着饥寒交迫的生活，希望自己以后能成为亿万富翁的时候，或许周围的人们会向你报以冷笑，但是你应该想：亿万富翁们起初也和我一样身无分文，为什么他们能，我却不能？因此，一次失败，只是证明我们成功的决心还不够坚定，愈处于困境，愈要激发自己成功的欲望。

小波参加了公司主办的滑雪旅行，在这次旅行之前，他从未驾驶过少于4个轮子的动力车。但是这次他们小组居然要和最快速的一组比赛滑雪！

对方小组的组长领导滑雪已经许多年了，因此他有非常高的水平。比赛刚刚开始的时候，小波只有一点儿紧张，但是当速度越来越快时，他竟感到恐怖。那时他心想，如果自己摔倒后，即使没被摔死，也一定会受到很重的伤。这个时候，小波想到了退出，但是那样他肯定会被同事瞧不起。因此，小波给自己鼓气，双手紧紧地抓住滑板的扶手，勉强跟上小组。

他们以很快的速度在雪山上滑行着。转着很急的弯，横渡无数的小山，登上高山。后来小波出人意料地滑到了最前方，超过了对方的组长。渐渐地，小波的恐惧感消失了，自己也体会到了飞速滑雪的乐趣，并且高兴地叫喊了起来。同事们看到小波与之前截然相反的样子，都情不自禁地笑了起来。

比赛结束后，同事们让小波说说赢得比赛后的感受。小波郑重地告诉同事们："这次滑雪对我的一生都产生了极其重要的影响。当我紧紧地跟上小组的时候，我便想超越他们。因此，我逐渐忘却了对失败的恐惧。我不仅发现了滑雪的极大乐趣，还发现了如何战胜恐惧，那就是增加你成功的欲望。"

小波的成功绝非偶然，他在处于逆境的时候虽然开始产生了害怕，但是成功的欲望让他坚持了下去，而他也终于冲出了逆境的包围，取得了成功。在我们生活、工作中，只要你成功的欲望足够强烈，那你便能克服一切困难，战胜对失败的任何恐惧。如果你还在害怕失败，那一定是你想要成功的欲望还不够强烈。

世界酒店大王希尔顿在谈到自己的成功时说过："当我拿着5000美元想在银行业有所发展的时候，我失败了；我想投资石油，却也失败了。很多人说我到了而立之年还想成功无异于'痴人说梦'，我自己也烦躁过，但是我不相信自己一辈子会默默无闻，我时时刻刻都渴望着成功。如今，我真的做到了。"

如果没有成功欲望的支配，你纵然有再强的能力也经不起几次失败的打击。也许有了成功的欲望我们不会取得成功，但是如果没有成功的欲望，你就没有成功的可能性。成功不是给那些逃避它的人准备的，而是给那些渴望成功、不怕困境干扰、执着追求成功的人准备的。

遇事冷静，千万不可慌张逃避

很多人也许在顺境的时候尚可以保持冷静的头脑，但是一旦陷入逆境便会失去冷静，手足无措，没有了正确的判断力。本来正在蓬勃发展的公司因为竞争对手的恶意打压，到了危险的境地，你此时乱了手脚，结果让对手一再占优；一次偶然的失误，让你平白无故遭受了重大的经济损失，结果你就一蹶不振；原本事业处于成长期，太多的磨难和困境让你失去了奋斗的勇气和信心……遇到困难就惊慌失措，贪图方便草率了事，危机一到掉头就走，不仅不能解决困难，起到磨炼自己心境的作用，自己也只能庸庸碌碌地过日子。

生活中，我们会遇到很多突如其来的变故：事业上的失败、经济上的损失、艰难困苦的折磨……这些都是我们到达成功彼岸所必须要渡过的险滩。但是很多人一旦身处逆境就会失去正确的判断力，没有了应对能力，要么惊慌失措、情绪不稳，要么时常动摇，毫无章法地去胡乱应付，这样只有以失败告终。

一个易于慌乱、遇到意外事件或者逆境便手足无措的人，必定是个失败者，这些人一旦遇到重大的困难，肯定不会用冷静、理智的头脑去应对。分析那些取得卓越成就的人，就会发现他们在任何时候都能保持头脑的镇静，不会因为情况的改变而有所动摇。

因此，我们在身处困境的时候切记要处变不惊，遇险不慌。当别人都在慌乱，而你能保持镇定之时，你就能获得极大的力量，你也就有了很大的优势。同理，在社会中，只有那些处事镇定，无论遇到什么风浪都不慌乱的人，才能应付大事、成就大事。只有以静制动，保持头脑的清醒和行动的张弛有序，你才能够突破困境。

1981年2月23日下午，西班牙众议院正在议会大厦举行例行会议，商讨一些经济和政治的改革方案时，几百名荷枪实弹的国防军官突然包围了大厦。中校莫利纳率领自己的卫队冲入了会场，将全体内阁成员以及各党派主要领导人共300多人扣为了人质。与此同时，军队的极右分子也与莫利纳遥相呼应，巴伦西亚地区的军区司令员米兰斯·德尔博什中将宣布首都实行戒严，并且派军队占领了当地电台等部门，宣布要举行政变，以挽救整个国家。

此消息一出，西班牙全国立马处于了混乱之中。在这种严峻的局势下，作为国家稳定和民族团结象征的卡洛斯国王以其过人的胆识与叛军进行斗争。24日凌晨，国王亲自出面向全国发表电视讲话，借此来稳定人心，并以武装部队最高统帅的身份命令参谋长联席会以采取紧急措施平息政变。24日上午，军队迅速进驻首都，把电台、电视台等一些重要的军事重地保护起来。同时，武装部队对政变分子实行了反包围。国王还令各个部门的副职大臣成立了临时机构，会同军方和警方的领导人一起遏制议会大厦内事态的发展。

一切反政变的措施进行得有条不紊，富有成效，叛军内部也出现了明显的分歧。这些措施果然很快取得成效，形势发生了巨大变化。军方表示效忠国王，各个军区也纷纷致电国王，表示尊重宪法，维护民主。而在西班牙的首都马德里，民众也举行了声势浩大的游行，来抗议武装政变。在这种情况下，德尔博什中将不得不撤销了戒严令。而在议会大厦的叛军看到大势已去，不得不在重兵的重重围困下缴械投降。

在这次反政变中，没伤一兵一卒，仅用了一天的时间便平叛成功。卡洛斯国王在突发政变的混乱局面中处变不惊，遇险不慌，先是冷静地稳住了局势，然后就采取了周密的措施扭转不利的局面，没给对方留下任何喘息和反扑的机会。

可见，我们在任何环境、任何情形之下，都要保持一个清醒的头脑，保持正确的判断力，做事之前都应该有所准备，要脚踏实地、未雨绸缪，这样遇到逆境后才能轻松突围而出。

　　二战时期，英国首相温斯顿·丘吉尔说过："一个人绝对不可在遇到困境时就惊慌失措，丧失了理智的头脑。若是这样的话，只会使危险加倍。但是如果立刻面对它而毫不退缩，就能找到突破口。"丘吉尔冷静地领导英国军民应对德国的进攻，在危急时刻理智地选择了敦刻尔克大撤退，最终保存了有生力量进行反攻。对于我们来说，应该将每次的失意或者逆境当成考验自己和磨砺自己的机会，千万不可自暴自弃，在别人都在慌乱的时候，你要告诉自己保持镇定，相信自己一定会战胜困难。

微笑面对逆境，将不幸驱逐出境

有些人遇到困难或者身处逆境的时候就会忧郁、阴沉以至于颓废。面对苦难、面对失意或者失望的时候不是去微笑面对，而是愁眉苦脸地啜饮着痛苦。事业失败，要么没有了生活的积极性，要么去埋怨生活给了自己太多的压力；工作不顺，抱怨前进的仕途上有太多的曲折；自己总是身处逆境，就经常抱怨生活中存在的不公。其实，身处逆境更要学会微笑面对，否则你的生活会见不到阳光，被颓废所包围，而你也会随着情绪的低落无法走出逆境，最终形成恶性循环。

人的一生不可能永远是顺境，也许我们都懂得这一点，但是很多人一遇到逆境便开始长吁短叹。他们从来不想去改变一下导致自己失落的环境，不去把自己从不幸中解脱出来，更不会微笑地面对逆境。

生活就像是一面镜子，你对着它笑，它也会对着你笑；你对着它哭，它就会对着你哭。我们应该以什么样的态度去面对生活？一个以微笑面对生活的人，总能够看到事情最好的一面，期待最有利的结果。他不会被困难吓倒，也很少有忧郁、悲观，因为他总是积极向上的。

拿破仑说过："避免失败的最好方法，就是决心获得下一次成功。"身处逆境之中，我们不能无奈地去接受现实，而是要学会微笑着面对失败，迎接新一次的挑战。以微笑面对生活，对于人的身心健康、生活、事业的成功都有莫大的益处，微笑能给自己自信，从微笑中感受生活的阳光。如果你整天处在悲观之中，就会认为生活简直是痛苦的。面对同一个问题，乐观和悲观的人会有相反的结论，产生相反的感受。因此，做一个微笑面对生活的人，你自己的人生也会从此得到改观。

说起体操运动员桑兰，相信大家都不陌生。在第四届国际友好运动会体操赛场的赛前训练，一次偶然，桑兰因一个转体动作未能完成，结果头部着地，导致中枢神经严重损伤，双手和胸以下失去知觉。从此，她的人生发生了巨大的转变。

从她重新面对公众的目光那一刻起，她的面容就永远浮现着灿烂的微笑，纯真的让人慨叹的微笑，征服了美国，征服了中国，征服了世界。

从此以后，她不再是一个体操运动员，甚至也不是一个一般意义上的高位截瘫的残疾人。她是一个永远微笑的姑娘，是一个与常人一样对生活充满渴望的活力四射的年轻人。

看完了上面的例子，如果你现在正处于逆境，会有什么感想呢？是悲观失望还是微笑地面对呢？我们不要埋怨上帝给你的不足，不要埋怨生活中太多的颠簸，也不要埋怨生命中有太多的坎坷。经历一次偶尔的失败，就让自己一蹶不振的人，是无法成功的。

巴尔扎克说："世界上的事情永远都不是绝对的，结果因人而异，苦难对于天才是一块垫脚石，对能干的人是一笔财富，他们会微笑接受困境；而对于弱者是一个万丈深渊，他们的失败是因为消极对待。"

　　我们要在失败中吸取经验教训，而不是陷入其中不能解脱，悲观、失望、颓废都无济于事，只有那些在逆境中微笑，学会乐观地思考的人才会真正地战胜困境。

　　如果你背着阳光，你眼前只能是不幸和悲伤；如果你背向黑暗，面对光明，阴影就会留在你的身后。所以，我们在逆境中一定要学会微笑面对，将那些不幸驱逐出你的心境。

其实困难只是花架子，不要放大它

　　我们常常在不知不觉中夸大问题，习惯把一些很小的困难看得很重，在问题没有弄明白之前就被困难压倒。想自己创业，成就一片天空，却因为别人都在创业时遇到各种困难，你自己也没了信心；登山的时候，被迷雾挡住了视线，总觉得山顶遥不可及，就放弃继续攀登；自己的情绪受到了一些波折，以为自己患上了忧郁症，结果做事畏首畏尾；想去应聘一个知名的企业，但却怀疑自己的能力，与机遇擦身而过；公司想要推行一项新措施，你却怕遭到职员们的反对，结果也失去了提高工作效率的机会。

　　总是把困难想象得很大，自己肯定会被困难所吓倒，事情解决不了不说，自己反而也做了困难的俘虏。有时候所谓的困难，其实只是自己的画地为牢，只要你愿意跳出这个圈，就能看到不同的世界。历史上许多成功的人，都有人生低谷期，但他们会趁着这个低谷做储备，再重新站起来。我们在生活、工作中也是如此，遇到困难后去害怕它的强大，而不敢去克服，往往到了事后才发现这些"困难"不过是花架子，根本不堪一击。

　　因此，遇到困难、碰到问题后，不妨先让自己歇口气，闭上眼睛，让自己紧张的神经稍微松弛一下，然后就去尝试解决。这时，你往往会发现，这些困难处理起来也是不在话下。

　　李连杰凭着一部《少林寺》成名，那个时候还不到20岁，却一下子被成功的光环所笼罩。"别人说着说着就真以为自己了不起了，真的比别人强了，变得以自我为中心，事实上自以为了不起是很愚蠢的。"李连杰坦诚地反思当年的幼稚。

年轻的时候内心是自大的，直到上世纪90年代人生跌入低谷，李连杰才开始醒悟过来。虽然李连杰早年成名，浑身有劲，但却感觉自己怀才不遇，8年间才拍了4部电影，很是痛苦，甚至还想过自己进入演艺界是否错了。他仔细思考后发现，是自己把困难想得太多了。后来，李连杰想到了一个办法：读史书。他在了解了中国五千年历史后，才发现自己的渺小，这也让他懂得了历史上很多成功的人，都会有人生的低谷期，但是他们没有被困难所吓倒，而是趁着这个低谷做储备，准备重新站起来。

到香港发展以后，李连杰凭着《方世玉》《黄飞鸿》等电影红遍中国，然而这时他却抛下在亚洲的声誉和地位，到好莱坞从一个普通演员做起。别人都说困难太大，劝说他还是在亚洲发展为好。但是他却不相信这些，坚决不做困难的俘虏，最后终于克服了那些貌似很大的困难，成为了一代国际影星。

从前有一户人家的菜园里摆着一块大石头，宽度大约有四十厘米，高度有十厘米。到菜园的人，不小心会踢到那一颗大石头，不是跌倒就是擦伤。

儿子问："爸爸，那块讨厌的石头，为什么不把它搬走？"爸爸回答："你说那块石头啊？从你爷爷那时一直放到现在了，它的体积那么大，不知道要挖到什么时候，没事无聊挖石头，不如走路小心一点，这样还可以训练你的反应能力。"

过了几年，这块大石头留到下一代，当时的儿子娶了媳妇，当了爸爸。有一天，媳妇气愤地说："爸爸，菜园那块大石头，我越看越不顺眼，改天请人搬走好了。"爸爸回答说："算了吧！那块大石头很重的，可以搬走的话在我小时候就搬走了，哪会让它留到现在啊？"

媳妇心底非常不是滋味，那颗大石头不知道让她跌倒多少次了。有一天早上，媳妇带着锄头和一桶水，将整桶水倒在大石头的四周。十几分钟以后，媳妇用锄头把大石头四周的泥土搅松，没想到挖了几分钟就把石头挖起来了，看看大小，这块石头没有想象的那么大，都是被那个巨大的外表蒙骗了。

　　其实，如果你抱着下坡的想法爬山，便无法爬上山去；如果你的世界沉闷而无望，那是因为你自己沉闷无望。很多时候，遇到困难就好比你在黑夜中行走，你看不清困难的时候会把它想得很大、很难解决，但是这样根本无法处理问题。所以，无论是在工作还是生活，遇到困难后正确的方法就是大胆去尝试，说不定就会出现不一样的结局。

坦然面对绝境，才能更好迎来成功

许多人遇到挫折时，常常沉浸在痛苦之中，他们不能坦然面对失意，结果让自己自怨自艾，信心崩溃。因为自己不经意间的一个小事，失去了被领导提拔的机会，结果每天郁郁不安，工作也没了劲头；项目谈判得很顺利，但就是在最后关头被竞争对手抢了过去，自己也是懊恼不已；经营多年的生意，因为经济不景气而到了倒闭的境地，自己每天就是借酒浇愁；多年的爱情没有修成正果，自己无法去面对，失去了生活的信心。如果你不能坦然地面对失意，只会让自己做事缺乏生气，消极的信念会时刻缠绕着你，很可能就此毁掉你的人生。

俗话说："人生不如意事十之八九。"挫折和失意就好比你的影子一样伴随着你的左右，形影不离。人在成长过程中肯定会遇到各式各样的挫折，或许你失去了一份爱情，或许你在生意上陷入了困境，或许你遭遇到了人生的重大变故……这些都是我们遇到的困境。面对这么多的困境我们是逃避，还是坦然面对呢？如果你逃避了，大概你以后就无法逃出困境的阴影了，因为这个世界上有无数类似的困境在等着你。

其实，生命的幸福与困厄不在于降临的事情本身是苦是乐，而是要看我们如何面对这些事。在逆境中，有一些人早早地就把自己心灵的窗户关闭，让自己无法看到阳光，看不到希望；还有一些人，他们永不放弃心中的希望，他们能坦然面对这些接二连三的失意，并且勇敢地打败它们。

是啊！面对失意为什么你不能坦然面对呢？当你正视它们的时候，你会发现，原来自己面前所谓的困境是那么的微不足道，只要你能做到坦然面对，努力克服，所有的问题都是不值得顾虑的。

　　一个女孩毫无道理地被老板炒了鱿鱼。中午，她坐在单位喷泉旁边的一条长椅上黯然神伤，她感到她的生活失去了颜色，变得暗淡无光。她无法从失意中解脱出来，甚至还想到了死。

　　这时，她发现不远处一个小男孩站在她的身后咯咯地笑，她就好奇地问小男孩："小弟弟，你笑什么呢？"

　　"这条长椅的椅背是早晨刚刚刷过漆的，我想看看你站起来时后背是什么样子。"小男孩说话时一脸得意的神情。

　　女孩一怔，猛然想到：昔日那些刻薄的同事不正和这小家伙一样躲在我的身后想窥探我的失败和落魄吗？他们就想看看我失意时候的痛苦。我决不能让他们的用心得逞，我决不能丢掉我的志气和尊严！

　　女孩想了想，指着他的后面对那个小男孩说："你看那里，那里有很多人在放风筝呢。"果然，小男孩就转身去看。等小男孩发觉到自己受骗而恼怒地转过脸时，女孩已经把外套脱了拿在手里，她身上穿的鹅黄的毛线衣让她看起来青春漂亮。女孩得意地朝着小男孩笑了笑。小男孩甩甩手，嘟着嘴，失望地走了。

　　其实，生活中的失意真的是随处可见，真的就如那些油漆未干的椅背在不经意间让你苦恼不已。但是如果你已经坐上了，也别沮丧，当你以一种"猝然临之而不惊，无故加之而不怒"的心态面对，脱掉你脆弱的外套，你会发现，新的生活才刚刚开始！

　　曾经有过这样一个报道：第二次世界大战时，有一名士兵在一次战役中被炮弹碎片刮伤了喉咙，流了很多血。他和一些同样在战场上受伤的士兵被送到了医院。

　　在医院里，伤员们的脸上写满了恐惧，他们每天都处在担心和忧虑中，巨大的精神压力使得他们对自己今后的生活完全丧失了信心。这时，那名喉咙受伤的士兵写了一张字条，问医生："我还能活下去吗？"医生回答道："当然，只要你愿意。"他继续写道："我还能讲话吗？"医生继续点头，重复了上一次的话。于是，这个士兵在纸上写道："那老子还有什么好担心的？"

一位名人曾这样说过：逆境并不可怕，可怕的是你在逆境中失去了前进的信心。我们能否在遇到挫折后从它的阴影中走出来，继续保持着理智、冷静的头脑，能坦然面对这些失意，是一个人取得最后成功重要的决定因素。身处困境的时候，我们若能坦然地面对挫折，不去理会失意给你自己的打击，往往就能激发出巨大的潜力。在绝望中默默地奋斗，在失意彷徨中修正自己的心灵，就能取得成功。

英国哲学家威廉·惠威尔说过："每一次失败，都是通往成功的一个脚步。每次发现错误的所在，便能引导我们走向真理。而一次尝试，都会遏止某种诱人的错误。"但是，愈是这样，我们就愈要勇敢面对失意和失败。其实，我们衡量一个人，不仅仅要看他取得了何种成就，而更为重要的一方面就是观察他在不幸之下是否能够保持勇气和信心，能否坦然面对它们，这也是成功者和失败者最大的区别所在。

灵活变通逆向思维，不要死钻牛角尖

很多人在逆境中死死等着办法的出现，而一旦自己找不到解决问题的办法，就想要放弃，而不去思考是否有其他的办法。企业生产的产品找不到销路，请了很多专家、学者研究市场销售都无济于事，却没有想到借助产品本身去做文章；社会上有很多条条框框的限制，你不去学会变通前行，而是凭借蛮力去闯，结果让自己无法取得成功；和别人产生了矛盾，太过坚持所谓的原则，结果本来很小的事越闹越大，最后不可收拾。不会逆向思考的人，只会让自己在逆境的泥淖中越陷越深，办事磕磕绊绊还无法成功。

在现实社会中，我们都生活在规则的约束之下，很多人无论做什么事都会严格遵守规则，这其实并没有错。但是这些人却忽略了一个事实，那就是再正确的规则和制度也不是百分之百的严谨无缺，而且在执行过程中，总会有特殊情况发生，这也就意味着它是可以变通的。

人们总在事情发生之后才能看懂其中的利害得失，总是在得到深刻的教训之后才得以警醒，才能在今后的实际操作中得以借鉴。为什么人们就缺少对突发事件的应变能力呢？我们有时候会用"一根筋"来形容某个人，这就是说他们在身陷逆境后不会变通，不去逆向思考一下有无解决问题的办法，只会一条路走到黑。

其实，在生活和工作中遇到困难了，我们为什么不能换个角度思考一下呢？学会逆向思考，也就是说遇到问题，不妨倒过来想想，此路不通，还有其他的路可以达到目的，把顺着的思路加以颠倒，从完全相反的角度去考虑问题，很可能变坏为好，变劣势为优势。

有句话这样说道："喜悦在生命转弯的地方。"若人们太习惯于某个想法，或某个非黑即白的绝对判断上，生活中就少了丰富的可能性，难以享受人生旅途上诸多美妙的惊喜。生活的乐趣是可以主动创造的，好比在笔直前行的旅途中转个弯、探访不同的小径，或许会因此发现一片美丽、开阔的风景，获得意外的精彩和美好。所以，为了更加精彩的人生，我们应学会变通，能够逆向思考。

在十九世纪中叶，美国加利福尼亚州涌来了无数淘金者。这样一来，金子越来越难淘，而当地气候干燥，水源奇缺，不少人因饥渴而死。看到这个情况，17岁的淘金者亚默尔灵机一动，断然放弃淘金，改为卖水。他这一行动引来不少人的不解与讪笑。然而当许多淘金者空手而归的时候，亚默尔已经成了一个小富翁。

亚默尔正是学会了变通，不执着于很多人已经尝试过的失败的事物，而是在同一种情况下转换思维寻求商机。他以变化自己为途径通向成功，这一点，往往是被许多人所忽视的。所以，学会变通，会使我们走向成功。

美国对进出口的货物限制得十分严格，其中有一项措施就是：凡是进口高级手套，必须缴纳重税，因为进口高级商品有丰厚的利润可以赚取。面对这一严厉的措施，进口商米德先生想出了一条妙计：首先把国外购买的1万双高级皮毛手套拆散，按照左、右手分别包装。然后，先把1万只左手手套运送回国。海关要收以重税，但是米德据理力争，说这些左手手套不能作为"手套"来使用，自己另有他用。海关人员理屈词穷，就勉强接受了。

但是，海关人员也知道，另外一船右手手套也很快会到来，因此密切关注进入海关的货物。果然，一周之后，另外的1万只右手手套也被运至海关。海关人员以为抓到了把柄，就等着进货商上门取货。

日子一天天过去了，货物都过了保管期，但是进货商还是没有出现。海关人员终于沉不住气了，他们认为进口商有意情愿放弃也不愿意缴纳重税，于是只好将这些右手手套进行拍卖。

在这样的情况下，只有右手的手套根本无人问津。所以，一个毫无背景的小商人在没有任何竞争的情况下以最低收购价将其买走。当然，这个人肯定是进口商米德先生派来的。

米德先生用一种变通的方法解决了难题。正的不行，就来反向的，他用逆向思维帮助自己大大减少了损失。

因此，成功的人可以在生活中适应各种状况，因为他们有很强的变通能力，从来不以僵化的方式去看待困境。对待那些看似无法解决的困难，他们往往能够巧施妙计，以常人想象不到的方式顺利排除困难，因为永恒是不存在的，而变化却是一直继续的。所以，总在钻牛角尖的人，是不是应该反思一下，你的一成不变是否是正确的呢？

一个人的一生不可能永远只做对的事情，坚持原则的结果有可能是对的，也有可能是错的。在遭遇困境的时候学会逆向思考，学会换个角度看问题，说不定难题就能迎刃而解。

美国著名投资家伯纳德·巴鲁克说过："有时我们需要的不是朝着既定方向的执着努力，而是在随机应变中寻求求生的路；不是对规则的遵循，而是对规则的突破。我们不能否认执着对人生的推动作用，但也应看到，在一个经常变化的世界里，灵活机动的行动比有序的衰亡好得多。"

我们必须知道坚持，也必须懂得变通，善于进行自我调节，以不同的灵活策略处理遇到的各种逆境场面，用逆向思维来解决问题，最后才可能反败为胜，到达成功的彼岸。